高等职业教育工业机器人技术专业系列教材

工业机器人工作站系统集成

主　编　常　辉　李　峰

副主编　张大维

参　编　洪　应　王　亮　谢　军　徐伟伟

机械工业出版社

本书是以全国职业院校技能大赛"制造单元智能化改造与集成技术"赛项为背景，以大赛设备——智能制造单元系统集成应用平台为载体，主要介绍了轮毂加工生产的流程规划设计，配套自动化系统关键环节的配置、编程和操作，以及含有工业机器人的工作站完整流程的编程与调试。全书共分5个项目，包含14个工作任务，主要内容有项目规划和仿真实训、工业通信网络组态、PLC编程技术应用、工业机器人编程与应用以及项目系统集成与调试。每个工作任务包括任务描述、知识储备、任务实施和知识拓展环节，内容由浅入深，循序渐进，注重学生职业能力的培养。

本书可作为高等职业院校和技师学院工业机器人技术专业、机电一体化技术专业、电气自动化技术专业以及其他加工制造类相关专业的教材，也可作为岗位培训教材和工程技术人员的参考用书。

本书配有电子课件，凡使用本书作为教材的教师可登录机械工业出版社教育服务网 www.cmpedu.com 注册后下载。咨询电话：010-88379375。

图书在版编目（CIP）数据

工业机器人工作站系统集成/常辉，李峰主编. —北京：机械工业出版社，2021.1（2024.2重印）

高等职业教育工业机器人技术专业系列教材

ISBN 978-7-111-67054-4

Ⅰ.①工…　Ⅱ.①常…②李…　Ⅲ.①工业机器人-工作站-系统集成技术-高等职业教育-教材　Ⅳ.①TP242.2

中国版本图书馆 CIP 数据核字（2020）第 251454 号

机械工业出版社（北京市百万庄大街22号　邮政编码100037）
策划编辑：薛　礼　责任编辑：薛　礼　王海霞
责任校对：陈　越　封面设计：张　静
责任印制：邓　博
北京盛通数码印刷有限公司印刷
2024 年 2 月第 1 版第 4 次印刷
184mm×260mm · 12.5 印张 · 304 千字
标准书号：ISBN 978-7-111-67054-4
定价：42.00 元

电话服务　　　　　　　　网络服务
客服电话：010-88361066　机 工 官 网：www.cmpbook.com
　　　　　010-88379833　机 工 官 博：weibo.com/cmp1952
　　　　　010-68326294　金 书 网：www.golden-book.com
封底无防伪标均为盗版　机工教育服务网：www.cmpedu.com

Industrial Robot

前言

工业机器人的研发、制造、应用是衡量一个国家科技创新和高端制造业水平的重要标志。工业机器人作为自动化技术的集大成者，是智能化制造的核心基础设施。推动机器人的发展，是我国制造强国战略提出的十大重点发展方向之一，也是促进我国向制造强国发展的有力助推剂。

工业机器人系统集成技术是将机械技术、电工电子技术、微电子技术、信息技术、传感器技术、接口技术和信号变换技术等多种技术进行有机结合，并综合应用到实际中的系统化交叉技术，其应用范围涉及工业、农业及国防等众多领域，是现代工业技术的基础和支撑。

本书是以全国职业院校技能大赛"制造单元智能化改造与集成技术"赛项为背景，以大赛设备——智能制造单元系统集成应用平台为载体，结合大赛成果和各院校的专业教学改革成果，按照工业机器人工作站系统集成中的关键过程和要点编写的。全书共分为5个项目，计14个工作任务，主要内容有项目规划和仿真实训、工业通信网络组态、PLC编程技术应用、工业机器人编程与应用、项目系统集成与调试。每个工作任务包括任务描述、知识储备、任务实施和知识拓展环节，内容由浅入深，循序渐进，注重学生职业能力的培养。

本书的主要特点是：结合"1+X"证书工业机器人集成应用、工业机器人应用编程、工业机器人操作与运维以及PLC程序设计师的职业技能等级标准，结合工程上工业机器人系统集成的一般规律和企业标准、规范及现场经验，将职业技能大赛设备及训练成果转化为课程资源；强调技能操作，淡化理论赘述，突出学生综合能力的培养，力求让更多的学生享受到优质的竞赛资源。

本书是由安徽职业技术学院、北京华航唯实机器人科技股份有限公司、青岛职业技术学院、安徽机电职业技术学院联合编写的。具体编写分工为：安徽职业技术学院常辉编写任务3、任务4和任务5，洪应编写任务6和任务7，谢军编写任务8和任务9；青岛职业技术学院李峰编写任务11和任务12；安徽机电职业技术学院王亮编写任务10；北京华航唯实机器人科技股份有限公司张大维编写任务13和任务14，徐伟伟编写任务1和任务2。本书由常辉和李峰担任主编并负责全书统稿工作。

本书在编写过程中得到了北京华航唯实机器人科技股份有限公司龙涛、王举刚等工程师的帮助，参阅了相关资料和文献，在此谨向上述人员致以诚挚的谢意。

由于编者水平有限，书中难免存在错误或疏漏之处，恳请广大读者批评指正。

编　者

二维码索引

名称	图形	名称	图形
项目流程展示		RobotArt——轮毂的拾取	
离线编程部署		RobotArt——轮毂的加工	
软件界面介绍		RobotArt——轮毂放置流程	
三维球操作		RobotArt——轮毂打磨流程	
软件基本操作		RobotArt——轮毂翻转流程	
RobotArt——场景搭建		RobotArt——轮毂吹屑流程	
RobotArt——伺服位置的设置		RobotArt——轮毂检测流程	
RobotArt——取工具流程		RobotArt——轮毂分拣流程	

名称	图形	名称	图形
RobotArt——完整仿真流程演示		机器人导轨控制——伺服轴组态	
仓储单元物料指示灯控制实训		机器人导轨控制——伺服轴正反转（上）	
两个西门子 S7-1200PLC 之间的控制实训		机器人导轨控制——伺服轴正反转（下）	
机器人端实现对视觉端的控制实训		机器人导轨控制——伺服轴速度设置（上）	
欧姆龙视觉颜色检测流程设置		机器人导轨控制——伺服轴速度设置（下）	
视觉检测结果输出设置		机器人导轨控制——伺服轴绝对位置控制（上）	
加工单元控制实训		机器人导轨控制——伺服轴绝对位置控制（下）	
智能料库料仓控制——WinCC 界面		机器人导轨控制——WinCC 界面（上）	
智能料库料仓控制实训		机器人导轨控制——WinCC 界面（下）	

名称	图形	名称	图形
分拣单元控制(上)		工具的安装与拆卸——带参数的例行程序	
分拣单元控制(下)		工具的安装与拆卸——模块化程序设计	
分拣单元控制——WinCC 界面		工具的安装与拆卸实训——编程与调试	
打磨夹具控制实训(上)		轮毂分拣实训	
打磨夹具控制实训(下)		轮毂加工打磨流程控制实训	
打磨夹具控制实训——WinCC界面		智能化轮毂生产加工产线集成调控	
工具的安装与拆卸——数组			

目录
Contents

项目1 项目规划和仿真实训

加快智能制造技术的应用，是落实工业化和信息化深度融合、打造制造强国的重要措施，也是实现制造业转型升级的关键所在。为落实《制造业人才发展规划指南》，精准对接装备制造业重点领域人才需求，满足复合型技术技能人才培养目标，支撑智能制造产业的发展，北京华航唯实机器人科技股份有限公司（以下简称华航唯实）设计并研发了智能制造单元系统集成应用平台。

完整的系统设计流程如下：

1）确定产品开发项目，明确客户需求，如产品的生产工艺、质量要求、产能要求和作业环境等。

2）对产品进行分析研究，明确其生产工艺、尺寸要求，并与客户积极沟通，了解设备使用中的注意事项及相关技术参数。

3）经工程技术人员讨论、分析后，初步制订设备方案，得出设备的整体与局部示意图，以及各机械机构、电气控制系统的动作流程等。

4）组建方案审核小组，对设备的可行性、制造成本、产能等进行客观评估。

5）对审核过程中发现的问题进行切实整改。

6）将方案交由客户审核，根据客户意见，确定最后的设计方案。

7）组织产品的设计开发环节，进行总装配图、部件装配图和零件图的设计，罗列加工零件清单、标准件采购单，整理操作说明书等。

8）确定自动机械的控制方案，绘制控制系统原理图，进行总体方案可行性分析等。

本项目介绍了系统设计流程中的工艺要求分析、关键部件选型、PLC控制系统设计，并通过仿真实训，验证项目的可行性。

任务1 项目规划

【任务描述】

本任务以智能制造单元系统集成应用平台（图1-1）为基础，以汽车行业的轮毂（图1-2）为产品对象，以未来智能制造工厂的定位需求为参考，以智能制造技术应用为核心，以汽车零部件加工、打磨、检测工序为背景，让学生实践从功能分析、集成设计、布局规划到安装部署、编程调试和优化改进等完整的项目过程，培养学生的技术应用、技术创新和协调配合能力。

通过本任务的学习，学生应掌握如何根据产品的功能，来完成工艺流程设计、部件选型以及控制系统设计。

【知识储备】

1. 基于DS-11设备的工艺要求

智能制造单元系统集成应用平台以模块化设计为原则，为了实现轮毂的加工、打磨和检测功能，设置了仓库取料、制造加工、打磨抛光、检测识别、分拣入库等生产工艺环节。每个工艺环节通过对应单元实现，每个单元均安装在可自由移动的独立台架上；布置远程I/O模块，通过工业以太网实现信号的监控和控制协调，以满足不同的工艺流程要求和实现不同功能，充分体现出系统集成的功耗、效率及成本特性。每个单元的四边均可以与其他单元进行拼接，根据工序顺序，自由组合成适合不同功能要求的布局形式，体现出系统集成设计过程中的空间规划内容。采用可编程序逻辑控制器（Programmable Logic Controller，PLC）实现灵活的现场控制结构和总控设计逻辑，利用制造执行系统（Manufacturing Execution System，MES）采集所有设备的运行信息和工作状态，融合大数据实现工艺过程的实时调配和智能控制。

图 1-1　智能制造单元系统集成应用平台

图 1-2　轮毂产品

2. 基于 DS-11 设备的关键部件选型

要完整地实现工艺流程，需要根据环境、硬件条件、功耗和成本等各种因素，对部件做出合适的选择。这里介绍机器人、视觉系统、PLC 和电动机这四种关键部件的选型。

（1）机器人选型　随着经济的发展，人工成本不断提高，使用工业机器人代替人工是实现产业升级的重要手段，可以减少劳动力费用，降低生产成本，提高生产质量和效率，增加生产柔性，减少危险岗位对人的危害。市面上的工业机器人形式多样、种类繁多、适用场合广泛，可以用在搬运、打磨、焊接、喷涂、装配、切割和雕刻等工作中。要做到正确选用机器人，必须了解自身需求及机器人的性能、适用场合等。

机器人选型需要考虑承载能力、自由度、最大运动范围、重复定位精度、速度、本体重量、制动装置和防护等级等因素。

1）承载能力。承载能力是指机器人在其工作空间内的任何位姿上所能承受的最大负荷。如果希望机器人能将目标工件从一个工位搬运到另一个工位，应将工件的重量和机器人手爪的重量加入总工作负荷中。另外，特别需要注意机器人的负载曲线，在空间范围的不同距离位置处，机器人的实际承载能力会有差异。

例如，图 1-3 所示为 ABB IRB120 型机器人载荷图。

2）自由度。自由度是指机器人所具有的独立坐标轴运动的数目，不包括末端执行器的开合自由度。对于简单的直来直去的场合，如从一条传送带取放到另一条传送带，简单的 4 轴机器人就能满足要求。但是，如果应用场合是一个狭小的工作空间，且机器人手臂需要很多的扭曲和转动,那么,6轴或7轴机器人将是最好的选择。

轴数一般取决于应用场合。注意:在成本允许的前提下,应选择较多的轴数,这有利于保证灵活性。而且后续可在其他应用场合重复利用该机器人,能适应更多的工作任务,而不会出现轴数不够的问题。

图1-4所示为六自由度机器人。

3)最大运动范围。评估目标应用场合时,应了解机器人需要到达的最大距离。选择机器人时,不仅要考虑它的有效载荷,还要综合考量它能到达的确切距离。每家公司都会给出相应机器人的工作范围图,由此可以判断该机器人是否适用于特定的应用。

图1-5所示为ABB IRB120型机器人的工作范围。

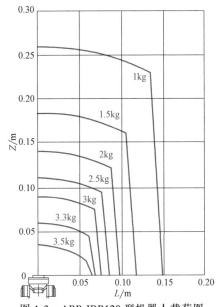

图1-3 ABB IRB120型机器人载荷图

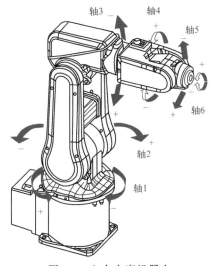

图1-4 六自由度机器人

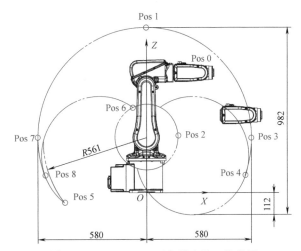

图1-5 ABB IRB120型机器人的工作范围

4)重复定位精度。重复定位精度的高低也取决于具体的应用场合。重复定位精度是指机器人完成例行工作任务时每次到达同一位置的能力。它的偏差一般为0.02~0.05mm,甚至更精密。例如,机器人组装一个电子线路板时,要求其具有较高的重复定位精度;如果应用场合对精度要求较低,如打包、码垛等,则对机器人的重复定位精度要求不高。

5)速度。速度取决于具体作业的工作周期。产品规格表中通常会列出某种型号机器人的最大速度,工业机器人的实际运行速度在0和最大速度之间。速度的单位通常为(°)/s。有的机器人制造商也会标注机器人的最大加速度。

6)本体重量。机器人本体重量是设计机器人单元时的一个重要因素。如果机器人必须安装在定制的工作台甚至导轨上,则需要根据其重量来设计相应的支承。

7)制动装置。机器人的制动装置是其每个电动机轴内的电磁抱闸,具体作用如下:

① 使机器人在工作区域中确保精度和可重复的位置。

② 保护操作人员，确保其人身安全。

③ 发生意外断电事故时，带制动装置的负重机器人会锁死，不会造成意外事故。

8）防护等级。根据机器人的使用环境，选择应达到的防护等级（IP 等级）标准。机器人在生产与食品相关的产品、医药、医疗器具，或在易燃易爆的环境中工作时，其 IP 等级会有所不同。这是一个国际标准，需要区分实际应用所需的防护等级，或者按照当地的规范进行选择。一些制造商会根据机器人工作的环境不同为同型号的机器人提供不同的防护等级。例如，标准等级为 IP40，灰尘等级为 IP54，油雾等级为 IP67。

（2）视觉系统选型　视觉系统一般包含工业相机、工业镜头、光源、图像处理软件、传感器、运动及控制装置等组成部分。在有项目检测要求时，选型前应明确该项目预计的结构（包括安装环境、工位数量和可安装设备空间）、是否运动、需要检测的精度、检测速度、软件开发语言和工具、是否借助第三方工具等。常见的选型顺序是工业相机→工业镜头→光源→外围设备等。

1）工业相机选型。工业相机是机器视觉系统中的一个关键组件，其最本质的功能就是将光信号转变成电信号。选择合适的工业相机是机器视觉系统设计中的重要环节，工业相机不仅会直接决定所采集到的图像分辨率、图像质量等，也与整个系统的运行模式直接相关。相机选型时应主要关注以下几点：

① 分辨率。根据系统的需求来选择相机分辨率的大小，下面通过一个具体应用为例来分析。假设检测一个物体的表面划痕，要求拍摄的物体大小为 10mm×8mm，要求的检测精度是 0.01mm。首先假设要拍摄的视野范围为 12mm×10mm，那么，相机的最低分辨率应该选择为（12/0.01）×（10/0.01）= 1200×1000，约为 120 万像素。也就是说，如果一个像素对应一个检测缺陷的话，那么，最低分辨率必须不少于 120 万像素，但市面上常见的是 130 万像素的相机，因此一般选用 130 万像素的相机。

② 帧率。应尽可能选取静止检测方式，这样可使整个项目的成本降低很多，但会带来检测效率的下降。有运动时，应选用帧曝光相机，因为使用行曝光相机会引起画面变形。对于具体帧率的选择，不应盲目地追求高速相机，这是因为虽然高速相机的帧率高，但一般需要外加强光照射，这将导致成本增加以及图像处理速度压力的加大。因此，应根据相对运动速度来选择帧率，只要在检测区域内能捕捉到被测物即可。例如，观测长度为 1m 的视野，当被测物以 10m/s 的运动速度穿过视野时，只需要 10~12 帧/s 的速度就完全可以捕捉到被测物；但以同样的速度穿过 0.1m 的视野时，则需要使用 100~120 帧/s 的相机。

③ 芯片类型。就目前行业现状来看，当对图像质量要求较高时，或者在环境照度较差的情况下，建议使用电荷耦合元件（Charge-Coupled Device，CCD）传感器并选择较大像素尺寸的相机。随着行业的发展，CCD 和互补金属氧化物半导体（Complementary Metal Oxide Semiconductor，CMOS）之间的差距也在逐步减小，CMOS 在改变分辨率方面更加灵活，而且在同样的分辨率下，其速率也更高。

④ 色彩。如果需要处理的工作与图像颜色有关，则应使用彩色相机；否则，建议使用黑白相机。因为软件处理一般都是转换为灰度数据来处理，并且工业上的彩色相机都是经过拜耳算法转换的彩色，与真实色彩之间有一定的差距。

2）工业镜头选型。

① 焦距 f。视场宽度（FOV）、工作距离（WD）和相机芯片尺寸（X）是确定焦距的必要条件。一般可以采用以下思路：先明确环境所需的工作距离以及所检测物品或区域的视场大小，再结合 CCD 芯片尺寸，进一步估算工业镜头的焦距。

图 1-6 所示为 FOV、WD、X 与 f 的关系。

由图 1-6 可知

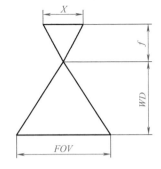

图 1-6 FOV、WD、X 与 f 的关系

$$f=WD×X/FOV$$

② 光圈。光圈是用来控制光线透过镜头进入机身内感光面的光量的装置。光圈的大小决定了图像的亮度，在拍摄高速运动物体、曝光时间很短的应用中，应该选用大光圈镜头，以提高图像亮度。

图 1-7 所示为不同光圈示意图。

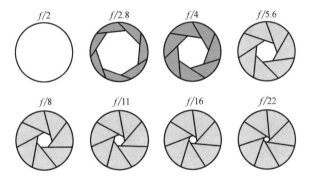

图 1-7 不同光圈示意图

③ 镜头接口和最大适用尺寸。C 型接口和 CS 型接口是工业镜头最常用的国际标准接口，两者的螺纹连接类型是相同的，区别在于 C 型接口的后截距为 17.5mm，CS 型接口的后截距为 12.5mm。因此，CS 型接口的镜头可以和 C 型及 CS 型接口的镜头连接使用，只是使用 C 型接口的镜头时需要加一个 5mm 的接圈；而 C 型接口的镜头不能与 CS 型接口的镜头连接使用。F 型接口是通用型接口，一般适用于焦距大于 25mm 的镜头。

镜头接口只要能与相机接口匹配安装，或者能通过外加转换口匹配安装即可。而镜头可支持的最大 CCD 安装尺寸应大于或等于所选配相机的 CCD 芯片尺寸。

④ 镜头类型（定倍镜头与远心镜头）。定倍镜头用于检测尺寸非常小的检测物；远心镜头用于检测具有比较大景深的检测物。

由于视野＝相机型号尺寸/镜头放大倍数，故镜头放大倍数越大，视野越小。使用定倍镜头时，视野可以由此计算得出。

远心镜头具有独特的光学特性：高分辨率、超大景深、超低畸变以及独有的平行光设计。

3）光源选型。为了能够实现稳定的图像检查、拍摄到适合检查的图像，光源是必不可少的。选择光源的步骤如下：

① 确定照明方式（如前向照明、背向照明和同轴光照明等）。确认检验特征（如瑕疵、

形状、存在/不存在等），检查表面是否翘曲或不平。

② 确定光源的形状与大小。检查目标的尺寸与安装条件，如环形、低角度、同轴、圆顶等。

③ 确定光源的颜色（波长）。检查目标与背景材质和颜色，如红色、白色、蓝色等。

4）视觉控制器选型。选择视觉控制器时，主要考虑是否能与相机匹配、硬件可拓展性、软件易用性、算法广度和精确度、算法性能、与其他设备的集成以及价格等方面。

欧姆龙 FH 系列视觉控制器外形及参数见表 1-1。

表 1-1 欧姆龙 FH 系列视觉控制器外形及参数

系列号	FH-3050 系列	FH-1050 系列	FH-L550 系列
外形			
处理速度（CPU）	4 核高速	2 核高速	2 核中速
相机连接台数（台）	2~8	2~8	2~4
多线处理	✓	✓	×
EtherCAT	✓	✓	×
EtherNet/IP	✓	✓	✓
对应相机	支持 FH 系列、FZ 系列的所有相机		

注：√表示支持，×表示不支持。

（3）PLC 选型

1）系统硬件的选择。系统硬件的选择主要考虑拓展方式，如 S7-300 有多种拓展方式，实际选用时可通过控制系统接口模块扩展机架、PROFIBUS-DP 现场总线、通信模块、远程 I/O 及 PLC 子站等多种方式来扩展 PLC 或预留扩展口。

2）CPU 的选择。CPU 的选择是合理配置系统资源的关键，必须根据控制系统对 CPU 的要求（包括系统集成功能、程序块数量限制、各种位资源、是否有 PROFIBUS-DP 主从接口、随机存取存储器 RAM 容量、温度范围、运动控制等）进行选择。

3）编程软件的选择。选择编程软件时，主要考虑其对 CPU 的支持状况，例如，S7-200 SMARTCPU 可以使用 STEP7-MicroWIN SMART 软件进行编程，S7-300、S7-1200 和 S7-1500 等 CPU 可以使用博图软件进行编程。

4）参数的确定。参数的确定主要是确定输入/输出点数，这是确定 PLC 规模的重要依据。需要注意的是，要根据实际情况留出适当的余量和扩展余地。

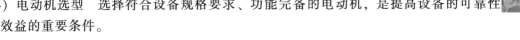

（4）电动机选型　选择符合设备规格要求、功能完备的电动机，是提高设备的可靠性与经济效益的重要条件。

电动机选型的主要步骤如下：

1）确定驱动机构。代表性的驱动机构有简单的旋转体、滚珠螺杆、带轮、齿条和齿轮等。必须预先确定搬运物的质量、各部位的尺寸、滑动面的摩擦系数等。

2）确认所要求的规格（设备的规格）。根据设备的规格确认电动机的规格，基本参数有运行速度与运行时间、定位距离与时间、停止精度、分辨率、保持位置、电源电压及频率、使用环境等。

3）计算负载。计算电动机驱动轴上的负载转矩及负载转动惯量。

4）选择电动机机种。根据需要，从小型标准交流电动机、无刷直流电动机、步进电动机、AC伺服电动机等中选择合适的机种。

由于需要对运动轴进行定位，则需要电动机反馈位置信息，因此，这里选择伺服电动机。

伺服电动机的选型原则如下：

① 电动机工作转速不大于其最大转速。

② 负载转动惯量不大于电动机允许的负载转动惯量。

③ 瞬时最大转矩不大于伺服电动机最大转矩（加速时）。

④ 负载最大功率不大于电动机额定功率。

5）验证计算。从机械强度、加速时间和加速转矩等方面，再次确认所选电动机/减速器的规格是否符合所有要求，然后决定是否选用。

3. PLC控制系统设计

设计控制系统时，应遵循一定的设计流程，以提高控制系统的设计效率和正确性。控制系统的一般设计流程如图1-8所示。

PLC控制系统设计的主要步骤如下：

1）根据工艺流程分析控制要求，明确控制任务，拟订控制系统设计的技术条件。技术条件一般以设计任务书的形式来表达，它是整个设计的依据。工艺流程的特点和要求是开发PLC控制系统的主要依据，因此，必须详细分析、认真研究，从而明确控制任务和范围，如需要完成的动作（动作时序、动作条件、相关的保护和联锁等）和应具备的操作方式（手动、自动、连续、单周期、单步等）等。

2）确定所需的用户输入设备（按钮、操作开关、限位开关和传感器等）、输出设备（继电器、接触器和信号灯等执行元件）以及由输出设备驱动的控制对象（电动机、电磁阀等），估算PLC的I/O点数；分析控制对象与PLC之间的信号关系、信号性质，根据控制要求的复杂程度和控制精度来估算PLC的用户存储器容量。

3）选择PLC。PLC是控制系统的核心部件，正确选择PLC对于保证整个控制系统的各项技术、经济指标至关重要。PLC的选择包括机型、容量、I/O模块和电源模块的选择等。选择PLC的依据是输入输出形式与点数、控制方式与速度、控制精度与分辨率、用户程序容量等。

4）分配、定义PLC的I/O点，绘制I/O连接图。根据选用的PLC所给定的元件地址范围（如输入、输出、辅助继电器、定时器、计数器和数据区等），为控制系统使用的每一个

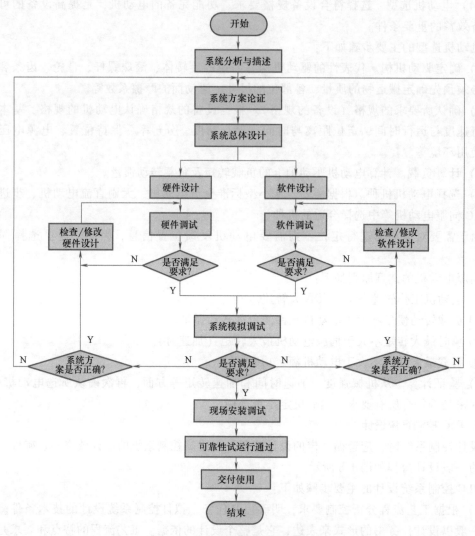

图 1-8 控制系统的一般设计流程

输入、输出信号及内部元件定义专用的信号名和地址，以确保在程序设计中使用的内部元件、执行的功能都清晰、无误。

5）PLC 控制程序设计：包括设计梯形图、编写语句表、绘制控制系统流程图。控制程序是控制整个系统工作的软件，是保证系统正常、安全、可靠地工作的关键。因此，控制程序的设计必须经过反复测试、修改，直到满足要求为止。

6）控制柜（台）设计和现场施工。在设计控制程序的同时，可进行硬件配备工作，主要包括强电设备的安装、控制柜（台）的设计与制作、可编程序控制器的安装以及输入输出的连接等。

【任务实施】

1. 机器人选型

1）从工作站的设计思路中可以发现，机器人的主要工作是多次变换工位，取放工具和产品，因此，应选取可以在紧凑的环境中灵活动作的六轴串联机器人。

2）轮毂模型和工具的质量应控制在 3kg 以下，由于单元间可以紧凑拼接，并且配有移动轴，可以扩大机器人的工作范围，因此，只需保证机器人的最大工作范围不小于 0.5m 即可。周围单元的布局和规格也需要根据机器人的工作范围做出合理的设计。可以预选出 IRB120 型和 IRB1200 型机器人，见表 1-2。

表 1-2　ABB IRB120 型和 IRB1200 型机器人的基本规格

产品	基本规格			产品	基本规格	
IRB 1200	负载/kg	5	7	IRB 120 IRB 120T	负载/kg	3
	工作范围/m	0.90	0.70		工作范围/m	0.58
	重复定位精度/mm	0.025	0.02		重复定位精度/mm	0.01
	防护等级	标配:IP40 选配:铸造专家Ⅱ代、IP67、洁净室 ISO 3、食品级润滑			防护等级	标配:IP30 选配:IPA 认证洁净室 5 级、食品级润滑
	安装方式	任意角度			安装方式	落地、壁挂、倒置和斜置

3）轮毂的取放位置对机器人的重复定位精度也有一定的要求，可以根据各个环节尺寸和公差的传递来计算。由于在机械设计中可以添加定位槽，重复定位精度在 0.05mm 以下基本就可以满足要求。

4）速度、制动装置和转动惯量也是需要重点考虑的因素。在工业生产中，一般对加工节拍有一定的要求，这决定了生产效率。可以在机器人技术手册中查阅机器人的最大运行速度。

5）在满足基本要求的情况下，经济因素也是需要重点考虑的。如果在小型机器人能够满足生产要求的情况下，选择了更大规格的机器人，则不仅会提高机器人的成本，电动机、滚珠丝杠等的成本也会相应提高。

2. 视觉系统选型

1）工业相机若用于检测划痕或污渍等，则一般要求其检测精度较高，然后可以根据视野范围和检测精度计算出所需像素的大小。这里的相机用作教学设备，主要要求其可以实现对检测物的形状、颜色等信息的检测，并且可以读取二维码、条形码等信息，在满足功能需求的前提下，考虑到经济因素，这里选择 30 万像素的小型数码 CCD 彩色相机，并搭配小型相机用镜头。另外，由于安装环境需要水平安装或垂直安装，因此应选取便于安装的笔式相机。

2）工作站与视觉系统实现数据通信的对象是机器人，因此在通信方式上，可以考虑硬接线通信或 TCP/IP 通信协议，而且仅需要搭配一个相机，所以这里选择 FH-L550 系列视觉控制器。

3）根据检测用途，形状、颜色和读取信息等需要均匀受光，因此考虑使用环形光源，并采用高亮度 LED 灯，实现高亮度的均匀扩散光照射。若周围光照对检测结果影响很大，则可以考虑添加隔离罩，使检测工作在隔离罩中进行，从而减少外界光照的影响。

3. PLC 选型

1）根据项目要求，需要用到 PROFINET、TCP/IP 和 OPC UA 等通信方式以及运动控制功能。查找相关 PLC 手册，筛选出符合条件的 PLC 类型，初步选定 S7-1200、S7-300 和 S7-

1500 这三款 PLC。

2）根据整体 I/O 规划，计算出所需的 I/O 点数，并根据实际情况留出适当余量；根据 I/O 点数，估计项目规模的大小；参考各种类型 PLC 的规格手册，挑选合适的 PLC 型号，从而缩小选型范围。工作站需要的数字量信号不超过 200，且需要至少两位模拟量信号用于运动控制，所以这里选择满足规格要求的 S7-1200 系列 PLC。S7-1200 系列 PLC 的型号见表 1-3。

表 1-3　S7-1200 系列 PLC 的型号

型号	CPU 1211C	CPU 1212C	CPU 1214C
外观			
3 CPUs	DC/DC/DC，AC/DC/RLY，DC/DC/RLY		
物理尺寸/mm	90×100×75		110×100×75
用户存储器　工作存储器	25KB		50KB
用户存储器　装载存储器	1MB		2MB
用户存储器　保持性存储器	2KB		2KB
本体集成 I/O　数字量	6 点输入/4 点输出	8 点输入/6 点输出	14 点输入/10 点输出
本体集成 I/O　模拟量	两路输入	两路输入	两路输入
过程映像大小	1024B 输入（I）和 1024B 输出（O）		
位存储器	4096B		8192B
信号扩展模块	无	2 个	8 个
信号板	1		
最大本地 I/O-数字量	14	82	284
最大本地 I/O-模拟量	3	15	51

在满足上述条件的情况下，还要考虑成本因素，可以通过远程 I/O 来降低拓展模块的成本。最终选择 S7-1200 1212C DC/DC/DC CPU，拓展模块选华太远程 I/O 模块中的 FR1108 数字输入模块、FR2108 数字输出模块和 FR4004 模拟输出模块。

4. 伺服电动机选型

伺服电动机相关参数见表 1-4。

表 1-4　伺服电动机相关参数

参数	数值	参数	数值
负载速度 v_L/(m/min)	5	加速时间 t_a/s	0.1
直线运动部质量 m/kg	30	减速机减速比 R	3
滚珠丝杠长度 l_B/m	1	同步带减速比 R_1	1.5
滚珠丝杠直径 d_B/m	0.02	摩擦系数 μ	0.2
滚珠丝杠导程 P_B/m	0.005	机械效率 η	0.9
滚珠丝杠材质密度 ρ/(kg/m³)	$7.87×10^3$		

三菱 HG-KN 系列伺服电动机的部分参数见表1-5。

表 1-5 三菱 HG-KN 系列伺服电动机的部分参数

项目		HG-KN 系列（低惯性、小容量）			
		13（B）J-S100	23（B）J-S100	43（B）J-S100	73（B）J-S100
连续特性[1]	额定输出/kW	0.1	0.2	0.4	0.75
	额定转矩/N·m	0.32	0.64	1.3	2.4
最大转矩/N·m		0.95	1.9	3.8	7.2
额定转速[1]/(r/min)		3000			
最大转速/(r/min)		5000			
瞬时允许转速/(r/min)		5750			
连续额定转矩时的功率比/(kW/s)	标准	12.9	18.0	43.2	44.5
	有电磁制动器	12.0	16.4	40.8	41.0
额定电流/A		0.8	1.3	2.6	4.8
最大电流/A		2.4	3.9	7.8	14
惯量 $J/\times10^{-4}$kg·m²	标准	0.0783	0.225	0.375	1.28
	有电磁制动器	0.0843	0.247	0.397	1.39
推荐负载惯量比[2]		15 倍以下			
速度/位置检测器		增量 17 位编码器（伺服电动机每转的分辨率：131072 脉冲/转）			
油封		有			
耐热等级		130（B）			
结构		全闭环自冷（防护等级：IP65[3]）			
环境条件[4]	环境温度/℃ 运行	0~40（无冻结）			
	环境温度/℃ 保管	-15~70（无冻结）			
	环境湿度/%RH 运行	80 以下（无凝露）			
	环境湿度/%RH 保管	90 以下（无凝露）			
	周围环境	室内（无阳光直射），无腐蚀性气体、可燃性气体、油雾、尘埃等			
	海拔/m	1000 以下			
	耐振动[5]/(m/s²)	X、Y:49			
振动等级[6]		V10			
轴的允许负载[7]	L/mm	25	30		40
	径向/N	88	245		392
	轴向/N	59	98		147

（续）

项目		HG-KN 系列(低惯性、小容量)			
		13(B)J-S100	23(B)J-S100	43(B)J-S100	73(B)J-S100
质量/kg	标准	0.57	0.98	1.5	3.0
	有电磁制动器	0.77	1.4	1.9	4.0

① 电源电压下降时，无法保证输出及额定转速。
② 负载惯量比超出记载值时，请咨询营业窗口。
③ 轴贯通部除外。IP 表示对人体、固体异物及水浸入的防护等级。
④ 经常处在油雾环境或会淋到油水的环境下，有时不能使用标准规格的伺服电动机，请咨询营业窗口。
⑤ 振动方向如下图所示。数值为表示最大值部分（通常位于反负载侧托架）的值。伺服电动机停止时，轴承容易出现微动磨损，因此应将振动控制在允许值的一半左右。

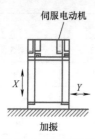
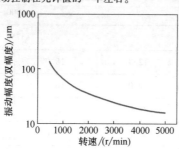

⑥ V10 表示伺服电动机单体的幅度在 10μm 以下。测定时的伺服电动机安装状态及测定位置如下图所示。

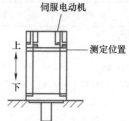

⑦ 轴的允许负载如下图所示。请勿使轴承受超出表中值的负载，该值为各自单独作用时的值。

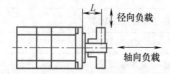

L——从法兰安装面至负载载重中心的距离

（1）电动机工作转速

负载轴旋转速度：$n_L = \dfrac{v_L}{P_B} = \dfrac{5}{0.005}$ r/min $= 1000$ r/min。

电动机轴旋转速度：$n_M = n_L RR_1 = 4500$ r/min。

以上参数符合要求。

（2）转动惯量

直线运动部：$J_{L1} = m\left(\dfrac{P_B}{2\pi R}\right)^2 = 30 \times \left(\dfrac{0.005}{2\pi \times 3}\right)^2$ kg·m^2 $= 0.021 \times 10^{-4}$ kg·m^2。

滚珠丝杠：$J_B = \dfrac{\pi}{32}\rho l_B d_B^4 = \dfrac{\pi}{32} \times 7.87 \times 10^3 \times 1 \times 0.02^4 = 1.24 \times 10^{-4}$ kg·m^2。

负载惯量：$J_L = J_{L1} + J_B = 1.261 \times 10^{-4}$ kg·m^2。

因为推荐负载惯量比小于 15 倍，所以电动机惯量 $J > \dfrac{J_L}{15} = 0.084 \times 10^{-4} \mathrm{kg \cdot m^2}$。

可以在 23J-S1000、43J-S100 和 73J-S100 几种型号中进行选择。

（3）移动转矩 $T_L = \dfrac{9.8 \times \mu m P_B}{2\pi R \eta} = \dfrac{9.8 \times 0.2 \times 30 \times 0.005}{2\pi \times 3 \times 0.9} \mathrm{N \cdot m} = 0.017 \mathrm{N \cdot m}$

T_L 符合要求。

（4）功率

负载移动功率：$P_O = \dfrac{2\pi n_M T_L}{60} = \dfrac{2\pi \times 4500 \times 0.017}{60} \mathrm{W} = 24.492 \mathrm{W}$。

负载加速功率：$P_a = \left(\dfrac{2\pi n_M}{60}\right)^2 \dfrac{J_L}{t_a} = \left(\dfrac{2\pi \times 4500}{60}\right)^2 \times \dfrac{1.261 \times 10^{-4}}{0.1} \mathrm{W} = 279.742 \mathrm{W}$。

负载最大功率：$P_L = P_O + P_a = 304.234 \mathrm{W} \leqslant P_M$。

根据以上计算结果，选择 HG-KN 43J-S100 伺服电动机及相应的伺服放大器 MR-JE-40A。

5. 基于 DS-11 设备的控制系统设计

（1）设计工作站整体控制拓扑图 根据任务要求，设计工作站整体控制拓扑图，如图 1-9 所示。

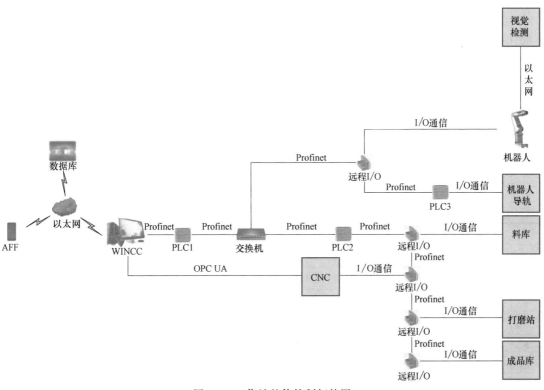

图 1-9 工作站整体控制拓扑图

（2）各单元 I/O 规划

1）仓储单元远程 I/O 见表 1-6。仓储单元需要对外输出料仓的状态（红灯或绿灯）和气缸的动作（伸出或缩回），这是仓储单元的输出信号。对于料仓是否有料以及气缸是否推出到位，需要通过外部传感器来检测，这是仓储单元的输入信号。同理，其他单元的输入输出信号分析也是如此。

表 1-6　仓储单元远程 I/O

	数字输入名称	PLC 地址		数字输出名称	PLC 地址
1	1#料仓产品检测	I4.0	1	1#料仓指示灯-红	Q4.0
2	2#料仓产品检测	I4.1	2	1#料仓指示灯-绿	Q4.1
3	3#料仓产品检测	I4.2	3	2#料仓指示灯-红	Q4.2
4	4#料仓产品检测	I4.3	4	2#料仓指示灯-绿	Q4.3
5	5#料仓产品检测	I4.4	5	3#料仓指示灯-红	Q4.4
6	6#料仓产品检测	I4.5	6	3#料仓指示灯-绿	Q4.5
7	1#料仓推出检测	I5.0	7	4#料仓指示灯-红	Q5.0
8	2#料仓推出检测	I5.1	8	4#料仓指示灯-绿	Q5.1
9	3#料仓推出检测	I5.2	9	5#料仓指示灯-红	Q5.2
10	4#料仓推出检测	I5.3	10	5#料仓指示灯-绿	Q5.3
11	5#料仓推出检测	I5.4	11	6#料仓指示灯-红	Q5.4
12	6#料仓推出检测	I5.5	12	6#料仓指示灯-绿	Q5.5
			13	1#料仓推出气缸	Q6.0
			14	2#料仓推出气缸	Q6.1
			15	3#料仓推出气缸	Q6.2
			16	4#料仓推出气缸	Q6.3
			17	5#料仓推出气缸	Q6.4
			18	6#料仓推出气缸	Q6.5

2）加工单元远程 I/O 见表 1-7。

表 1-7　加工单元远程 I/O

	数字输入名称	PLC 地址		数字输出名称	PLC 地址
1	CNC 运行中	I23.0	1	CNC 启动	Q23.0
2	安全门 1 打开	I23.1	2	夹爪	Q23.1
3	安全门 2 打开	I23.2	3	安全门 1	Q23.2
4	CNC 加工完成	I23.3	4	安全门 2	Q23.3
5	夹具前位	I23.4	5	夹具前移	Q23.4
6	夹具后位	I23.5	6	夹具后移	Q23.5
7	CNC 暂停,ROB 允入	I23.6	7	继续运行	Q23.6
8	安全门关闭	I23.7			

3）打磨单元远程 I/O 见表 1-8。

4）分拣单元远程 I/O 见表 1-9。

表 1-8　打磨单元远程 I/O

	数字输入名称	PLC 地址		数字输出名称	PLC 地址
1	打磨工位产品检测	I20.0	1	打磨工位夹具气缸	Q20.0
2	旋转工位产品检测	I20.1	2	翻转工装翻转左位	Q20.1
3	放料工位夹具原位	I20.2	3	翻转工装翻转右位	Q20.2
4	放料工位夹具动作	I20.3	4	翻转工装升降上位	Q20.3
5	翻转工装夹具原位	I20.4	5	翻转工装升降下位	Q20.4
6	翻转工装夹具动作	I20.5	6	翻转工装夹具气缸	Q20.5
7	翻转工装升降原位	I20.6	7	旋转工位旋转气缸	Q20.6
8	翻转工装升降动作	I20.7	8	旋转工位夹具气缸	Q20.7
9	翻转工装翻转原位	I21.0	9	吹气工位	Q21.0
10	翻转工装翻转动作	I21.1			
11	旋转工位夹具原位	I21.2			
12	旋转工位夹具动作	I21.3			
13	旋转工位旋转原位	I21.4			
14	旋转工位旋转动作	I21.5			

表 1-9　分拣单元远程 I/O

	数字输入名称	PLC 地址		数字输出名称	PLC 地址
1	传送起始产品检测	I10.0	1	1#分拣机构推出气缸	Q10.0
2	1#分拣机构产品检测	I10.1	2	1#分拣机构升降气缸	Q10.1
3	2#分拣机构产品检测	I10.2	3	2#分拣机构推出气缸	Q10.2
4	3#分拣机构产品检测	I10.3	4	2#分拣机构升降气缸	Q10.3
5	1#分拣道口产品检测	I10.4	5	3#分拣机构推出气缸	Q10.4
6	2#分拣道口产品检测	I10.5	6	3#分拣机构升降气缸	Q10.5
7	3#分拣道口产品检测	I10.6	7	1#分拣道口定位气缸	Q10.6
8	1#分拣机构推出动作	I10.7	8	2#分拣道口定位气缸	Q10.7
9	1#分拣机构升降动作	I11.0	9	3#分拣道口定位气缸	Q11.0
10	2#分拣机构推出动作	I11.1	10	传动带驱动电动机	Q11.1
11	2#分拣机构升降动作	I11.2			
12	3#分拣机构推出动作	I11.3			
13	3#分拣机构升降动作	I11.4			
14	1#分拣道口定位动作	I11.5			
15	2#分拣道口定位动作	I11.6			
16	3#分拣道口定位动作	I11.7			
17	变频器故障	I12.0			

5）执行单元远程 I/O 见表 1-10~表 1-12。

表 1-10　执行单元远程 I/O

	数字输入名称	PLC 地址		数字输出名称	PLC 地址
1	伺服输入位置1	I16.0	1	出料完成	Q16.0
2	伺服输入位置2	I16.1	2	料仓位置反馈1	Q16.1
3	伺服输入位置3	I16.2	3	料仓位置反馈2	Q16.2
4	视觉输入位置1	I17.5	4	料仓位置反馈3	Q16.3
5	视觉输入位置2	I17.6	5	伺服到位反馈1	Q16.4
6	视觉输入位置3	I17.7	6	伺服到位反馈2	Q16.5
7	请求放入 CNC	I18.2	7	伺服到位反馈3	Q16.6
8	CNC放料完成	I18.3	8	CNC 允入	Q16.7
9	CNC取料完成	I18.4	9	CNC 加工完成	Q17.0
10	打磨站放入完成	I18.6	10	打磨物料已固定	Q17.2
11	打磨完成请求翻转	I18.7	11	允许取料吹气	Q17.4
12	机器人请求吹气	I19.1			
13	初始化	I19.7			

表 1-11　机器人 I/O

	数字输入名称		数字输出名称		模拟量输出名称
1	真空检知	1	快换	1、2	伺服位置模拟量
2	伺服到位	2	吸真空	3、4	伺服速度模拟量
		3	夹爪		
		4	打磨电动机起动		
		5~14	机器人伺服位置控制10位组合信号		
		15、16	机器人伺服速度等级2位组合信号		
		17	伺服回零		
		18~20	视觉二维码结果(3位组合信号)		

表 1-12　执行单元伺服控制 PLC 端 I/O

	数字输入名称		数字输出名称		模拟量输入名称
1	limit+	1	Pulse	1、2	伺服位置模拟量
2	dog	2	DIR	3、4	伺服速度模拟量
3	limit-	3	RES		
4	servoinp	4	SON		
5	servoready	5	伺服到位		
6	servoALM				
7~16	机器人伺服位置控制10位组合信号				
17、18	机器人伺服速度等级2位组合信号				
19	伺服回零				
20~22	视觉二维码结果(3位组合信号)				

6）总控单元 I/O 见表 1-13。

表 1-13　总控单元 I/O

	数字输入名称		数字输出名称
1	E-STOP	1	绿色指示灯 1
2	绿色按钮	2	绿色指示灯 2
3	绿色自锁按钮	3	红色指示灯 1
4	红色按钮	4	红色指示灯 2
5	红色自锁按钮	5	三色灯黄灯
		6	三色灯蜂鸣器
		7	三色灯绿灯
		8	三色灯红灯

【知识拓展】

除了任务中介绍的关键部件选型，请读者自主查找资料，了解电源、断路器、电缆、气泵和滚珠丝杠等部件的选型步骤，参考参数见表 1-14。

表 1-14　硬件选型参考参数

硬件	关键选型技术参数
电源	功率、电源电压(单相、三相)
断路器	保护形式、极数和额定电流
电缆	最大载流量
气泵	最大气压、真空、最大流量
滚珠丝杠	滚珠丝杠副、滚动轴承、滚动导轨副和联轴器

任务 2　项目仿真实训

【任务描述】

本任务以 PQArt 软件为基础，在熟悉设备功能的基础上，通过设计合理的单元模块布局，利用仿真软件实现单元模块之间的相互协作。

PQArt 软件功能界面如图 2-1 所示。

【知识储备】

1. PQArt 软件简介

PQArt 是北京华航唯实机器人科技股份有限公司推出的一款工业机器人离线编程仿真软件。它是国内首款商业化离线编程仿真软件，因其丰富的云资源库、深度开放的机器人编程系统、工艺规划仿真系统等核心技术而成为机器人高端应用的领跑者。经过多年的研发与行业应用，PQArt 应用了多项离线编程核心技术，包括高性能 3D 平台、基于几何拓扑与历史特征的轨迹生成与规划、自适应机器人求解算法与后置生成技术、支持深度自定义的开放系统架构、事件仿真与节拍分析技术以及在线数据通信与互动技术等。它的功能覆盖了机器人集成应用的完整生命周期，包括方案设计、设备选型、集成调试及产品改型。PQArt 在打

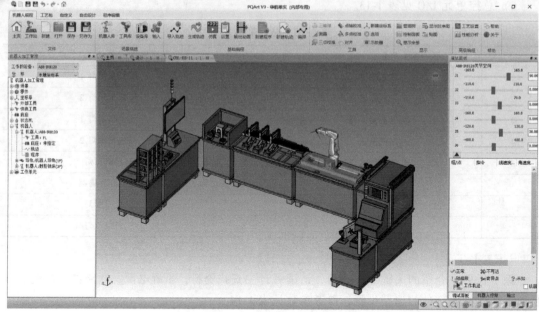

图 2-1 PQArt 软件功能界面

磨、抛光、喷涂、涂胶、去毛刺、焊接、激光切割、数控加工和雕刻等领域有多年的积淀，并逐步形成了成熟的工艺包与解决方案。

在教育领域，PQArt 着力培养新一代高素质机器人应用设计与编程人才，有大量在校学生以机器人虚拟仿真与离线编程为入口开始自己的机器人学习与从业生涯。同时，PQArt 也为我国机器人相关赛项提供技术支持，选手们可以在 PQArt 软件中一展自己的才华。

迄今为止，PQArt 已提供了至少 10000 个云资源，涵盖不少于三家国产工业机器人龙头企业系列产品，应用于不少于三种工业机器人生产线。

2. PQArt 软件使用入门

（1）软件及培训资料的下载

1）PQArt 软件的下载地址及安装步骤。

登录华航唯实官网：http：//www.pq1959.com/Art/Download，如图 2-2 所示。

2）了解工业机器人离线编程软件的培训资料，使用培训资料进行相关学习。

① 按照视频中的相关步骤，下载关于 PQArt 的培训资料。

② 了解培训资料的具体内容，学习"5 分钟入门"相关知识。

③ 初步掌握 PQArt 软件的基本功能。

图 2-3 所示为 PQArt 官网学习资源。

3）掌握离线编程软件的自动更新操作。打开 PQArt，在机器人编程面板中单击"关于"按钮，弹出图 2-4 所示界面，单击"更新到最新版本"，系统会自动将软件更新到当前的最新版本。

（2）软件界面 软件界面主要分为八大部分：标题栏、菜单栏（机器人编程、工艺包、自定义）、绘图区、机器人加工管理面板、机器人控制面板、调试面板、输出面板和状态栏，如图 2-5 所示。

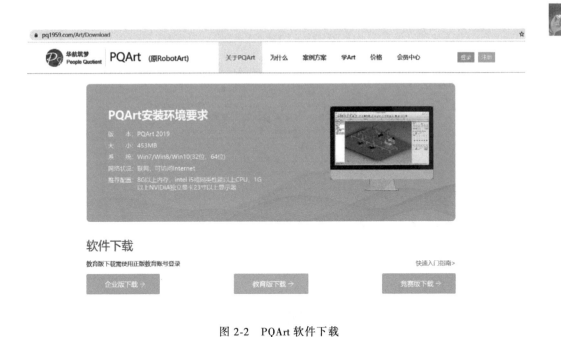

图 2-2　PQArt 软件下载

图 2-3　PQArt 官网学习资源

1）标题栏：显示软件名称、版本号和当前文件名。

2）菜单栏：涵盖了 PQArt 的基本功能，如场景搭建、轨迹生成、仿真、后置和自定义等，是最常用的功能栏之一。

3）绘图区：用于场景搭建、轨迹的添加和编辑等。

4）机器人加工管理面板：由六大元素节点组成，包括场景、零件、工件坐标系、外部工具、快换工具和机器人。通过面板中的树形结构，可以轻松查看并管理机器人、工具和零件等对象的各种操作。

Industrial Robot

图 2-4 PQArt 更新界面

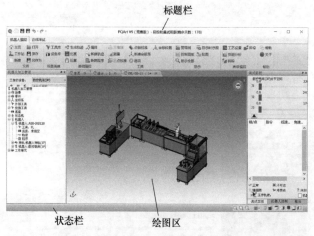

图 2-5 PQArt 界面介绍

5）机器人控制面板：控制机器人六个轴和关节的运动，调整其姿态，显示坐标信息，读取机器人的关节值，使机器人回到机械零点等。

6）调试面板：方便查看并调整机器人姿态、编辑轨迹点特征。

7）输出面板：显示机器人执行的动作、指令、事件和轨迹点的状态。

8）状态栏：包括功能提示、模型绘制样式和视向等功能。

（3）PQArt 快捷键 PQArt 可操作的快捷键主要用来切换整个平面的观察视角，显示/隐藏世界坐标系，开关三维球以及保存文件等，见表 2-1。熟练掌握各快捷键的操作可以提高离线编程效率。

表 2-1 PQArt 快捷键

快捷键名称/操作	快捷键作用	快捷键名称/操作	快捷键作用
按住滚轮	切换整个平面观察视角	0	将当前视向设置为轴侧图
滚轮+Shift	鼠标变成⇔⬍，可拖动整个平面	1	将当前视向设置为前视图
A	显示/隐藏世界坐标系	2	将当前视向设置为顶视图
F10	开关三维球	3	将当前视向设置为右视图
空格	取消/恢复三维球关联	4	将当前视向设置为后视图
F8	调整所有模型到视野中心	5	将当前视向设置为底视图
Ctrl+S	保存当前工程文件	6	将当前视向设置为左视图
Ctrl+Z	撤销三维球操作		

（4）PQArt 软件中的专业术语 PQArt 软件中的专业术语涉及机器人、工具、工件和坐标系等，见表 2-2。

表 2-2 PQArt 软件中的专业术语

术语	图示	说明
工件校准	工件校准	对工件的位置进行校准,保证在所搭建的模拟工作站中,机器人与工件的相对位置与真实环境中保持一致
外部工具		没有安装在机器人上的工具,如砂轮、抛光机等
法兰工具		安装在机器人法兰盘上的工具
快换工具	机器人侧用 工具侧用 TCP2 TCP1	分为机器人侧用和工具侧用两种类型。机器人侧用是指与机器人法兰盘连接的工具,工具侧用是指与法兰工具连接的工具。当机器人需要完成两种及以上的任务时,通过快换工具可以快速更换工具,而不用从法兰盘上拆下工具,省时省力

（续）

术语	图示	说明
TCP		全称为 Tool Center Point，即工具中心点，是工具工作的点
CP		CP 为安装点、抓取点。具体来说，CP 是工具侧用安装到法兰工具上的安装点，同时也是工件上被工具抓取的抓取点
FL		FL 是法兰工具与机器人法兰盘的连接点，也可理解为法兰工具的安装点
RP		RP 为放开点，一般是工作台上放开工件的点
POS 点		PQArt 中的 POS 点有两个含义：一是机器人的过渡点，即安全点，用于优化机器人的运动路径，使机器人避免发生碰撞；二是工件的驱动点，用于生成工件的驱动轨迹

（续）

术语	图示	说明
步长	步长	相邻两个轨迹点之间的距离,单位为 mm
出入刀点	入刀点　出刀点	即入刀点和出刀点。插入出入刀点时,在轨迹的起点和终点分别生成一个点
出入刀偏移量		工具沿着轨迹 Z 轴正方向移动的距离。左图中入刀点 1 与轨迹之间的距离即为入刀偏移量
后置	后置	即生成后置代码,将代码复制到示教器,实现机器人的真机运行
机械零点		机器人出厂时厂家设定的机器人初始状态(关节角度值不一定为 0,如 KUKA 机器人处于机械零点时,J2 为-90°,J3 为 90°)

（5）三维球　三维球是一个强大而灵活的三维空间定位工具，它可以通过平移、旋转和其他复杂的三维空间变换来精确定位任何一个三维物体。

单击工具栏上的 按钮打开三维球，使三维球附着在三维物体上，从而方便地对它们进行移动和相对定位。

1）三维球的结构。三维球拥有三个定向控制手柄、三个方向上的圆周和一个中心点，如图 2-6 所示。在实际应用中，它的主要功能是解决软件应用中元素、零件和装配体的空间点定位以及空间角度定位的问题。其中，定向控制手柄解决实体的方向问题，中心点解决空间定位问题，圆周解决角度问题。

2）三维球的状态。三维球有两种状态，可以通过空格键进行切换，见表 2-3。

图 2-6　三维球

表 2-3　三维球的状态

状态	图示	区别
灰色	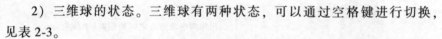	在此状态下移动三维球，只能改变三维球的位置
彩色(激活)		在此状态下移动三维球，会移动所选对象的位置

【任务实施】

1. 软件操作流程

本任务的流程为工作站环境设计与搭建、移动机器人轨迹添加及仿真，如图 2-7 所示。

场景 → 轮毂拾取 → 铣削 → 打磨 → 检测 → 仿真

图 2-7　操作流程

2. 场景搭建

场景搭建是指导入工作站后，依据设定的工作方案，将机器人、工具、工件和状态机等摆放到与实际环境中一致的位置所涉及的工作过程。

场景搭建是为进入正式的机器人轨迹创建流程做准备，如图 2-8 所示。

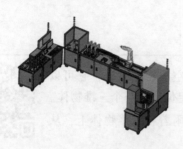

a) 初始状态

b) 场景搭建完成状态

图 2-8　场景搭建

3. 轨迹添加流程及仿真

具体操作可参考 http：//www. pq1959. com/XtbLesson/Art Course。

【知识拓展】

尝试设计不同的布局方案，并通过仿真软件检验方案的合理性，参考方案见表2-4。

表 2-4　参考方案

方案一	方案二	方案三

ROBOT
项目2 工业通信网络组态

工业通信网络连接现场设备、控制器、人机界面、监控系统以及企业管理系统，是工业生产系统中的信息传输通道，也是生产系统稳定、安全运行的重要基础。工业通信网络的发展、工业网络通信的实施，使企业的管理部门能够通过生产现场数据信息的实时更新，掌握工厂中的生产情况，从而能够更迅速、及时、准确地互通信息，最终进行控制和管理。工业网络通信在生产线的监控和管理方面发挥着重要作用，并且将在工业领域中发挥越来越重要的作用。

SIMATIC 产品提供多种控制解决方案，使不同的硬件平台可以在不同的网络上进行无缝通信。西门子产品提供了 PROFINET/工业以太网、工业无线局域网（LAN）、PROFIBUS、广域网（WAN）、多点接口（MPI）和点对点接口（PPI）等多种通信方式，可以根据现场需求，选择合适的产品实现设备之间的通信。

本项目重点讲解基于西门子 S7-1200 硬件的 PROFINET 通信、S7 通信以及机器人与视觉控制器之间的无协议以太网通信。

任务 3　仓储单元物料指示灯控制实训

【任务描述】

本任务以总控单元的西门子 S7-1200 系列 PLC 及仓储单元的 SmartLink 远程 I/O 模块为硬件基础，通过 PROFINET 通信，实现 PLC 与远程 I/O 之间的数据交换。

任务流程：将总控单元的 PLC 与分拣单元的远程 I/O 模块通过网线相连，然后在博图软件中进行组态，并下载到硬件，完成 PLC 与远程 I/O 之间的 PROFINET 通信。最后进行 PLC 编程，实现通过 PLC 控制仓储单元 1 号仓位推出，并在仓位推出后使相应绿色指示灯亮。

总控单元及仓储单元如图 3-1 所示。

【知识储备】

1. 西门子 S7-1200 简介

SIMATIC S7-1200 紧凑型控制器是一款节省空间的模块化控制器，适用于要求简单或高级逻辑、人机界面（Human Machine Interface，HMI）和网络功能的小型自动化系统。S7-1200 设计紧凑、成本低廉且功能强大，是控制小型应用的完美解决方案。

S7-1200 紧凑型控制器包括以下部分：

1）内置 PROFINET 端口（借助 PROFINET 网络，CPU 可以与 HMI 面板或其他 CPU 通信）。

2）能进行运动控制的高速 I/O、板载模拟量输入（将空间要求和对附加 I/O 的需求降到最低）、两个用于脉冲宽度应用的脉冲发生器以及最多六个高速计数器。

3）CPU 模块中内置板载 I/O 点，提供 6~14 个输入点和 4~10 个输出点。

a) 总控单元   b) 仓储单元

图 3-1　总控单元及仓储单元

CPU 将微处理器、集成电源、输入和输出电路、内置 PROFINET、高速运动控制 I/O 以及板载模拟量输入组合到一个设计紧凑的外壳中，以形成功能强大的控制器。下载用户程序后，CPU 将包含监控应用中的设备所需的逻辑。CPU 根据用户程序逻辑监视输入与更改输出，用户程序逻辑可以包含布尔逻辑、计数、定时、复杂数学运算以及与其他智能设备的通信。

为了确保应用程序安全，每个 S7-1200 CPU 都提供密码保护功能，用户通过它可以组态对 CPU 功能的访问。不同的 CPU 型号提供了各种各样的特征和功能，这些特征和功能可以帮助用户针对不同的应用创建有效的解决方案。特定 CPU 的参数见表 1-3。

2. SmartLink 远程 I/O 模块简介

SmartLink 远程 I/O 模块是南京华太自动化技术有限公司（简称"南京华太"）推出的基于其自主研发的高性能总线的通用远程 I/O 模块，为用户节约成本、简化配线、提高系统可靠性提供了更好的选择。目前，FR 系列适配器的种类较多，支持主流的现场总线和工业以太网，FR 系列 I/O 种类齐全。

1) 选择适配器。适配器参数见表 3-1。

表 3-1　适配器参数

适配器型号	支持总线协议	支持 I/O 模块
FR8000	CC-Link	
FR8010	PROFIBUS-DP	
FR8030	DEVICENET	
FR8040	MODBUS/RTU	
FR8200	ETHERCAT	FR 全系 IO 模块
FR8210	PROFINET	
FR8220	CC-LINKIE	
FR8250	MODBUS/TCP	

2）选择 I/O 模块。I/O 模块参数见表 3-2。

表 3-2　I/O 模块参数

I/O 模块型号	模块类型	点数
FR1108	数字量输入（PNP）	8
FR1118	数字量输入（NPN）	8
FR2108	数字量输出（源型）	8
FR2118	数字量输出（漏型）	8
FR3004	电压型模拟量输入（12bit）	4
FR3014	电压型模拟量输入（14bit）	4
FR3024	电压型模拟量输入（16bit）	4
FR3504	电流型模拟量输入（12bit）	4
FR3514	电流型模拟量输入（14bit）	4
FR3524	电流型模拟量输入（16bit）	4
FR4004	电压型模拟量输出（12bit）	4
FR4014	电压型模拟量输出（14bit）	4
FR4024	电压型模拟量输出（16bit）	4
FR4504	电流型模拟量输出（12bit）	4
FR4514	电流型模拟量输出（14bit）	4
FR4524	电流型模拟量输出（16bit）	4
FR3822	温度模块热电阻输入	2
FR3924	温度模块热电偶输入	4
FR5021	高速计数模块（差分）	1
FR5002	高速计数模块（PNP）	2
FR5012	高速计数模块（NPN）	2
FR5121	脉冲定位模块（差分）	1
FR5102	脉冲定位模块（PNP）	2
FR5112	脉冲定位模块（NPN）	2

3）选择辅助模块。辅助模块参数见表 3-3。

表 3-3　辅助模块参数

模块型号	模块类型	输入电源电压/V	公共端电源	输出电源电压/V	输出电源电流/mA
FR0002	电源模块	DC 24（±50%）	—	5±5%	1000
FR0010	电源模块	DC 24（±50%）	DC 24（18~36）	—	—
FR0012	电源模块	DC 24（±50%）	DC 24（18~36）	5±5%	1000
FR0200	终端电阻模块	—	—	—	—

3. SmartLink 远程 I/O 模块的使用

下面以 FR8210-FR1108-FR2118 为例，说明 SmartLink 远程 I/O 模块的电源接线以及现场端子接线。

（1）电源接线 如图 3-2 所示，使用一块 220V-24V 的电源模块（最好是双路输出的），将电源线接好，①接电源正极，②接电源负极。然后接系统公共端电源接线，③、④内部相连为公共端正极，⑤、⑥内部相连为公共端负极。因此，公共端电源正极接在③或④的任意通道上，公共端电源负极接在⑤或⑥的任意通道上。

注意：电源线的连接要使用合适的电缆，并确保适当的截线长度，不应有裸露的导电部分。

（2）与 PLC 连线 各种适配器支持的现场总线不同，与主站（PLC 等）接线的方式也不相同。以 PROFINET 通信为例，图 3-3 所示为西门子 PLC（主站）与 FR8210 适配器通过 PROFINET 通信电缆（一般使用百兆网线）相连接。

（3）FR8210 状态灯含义（见表 3-4）

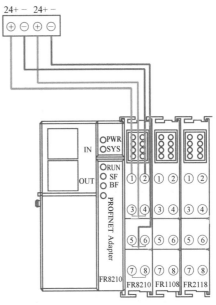

图 3-2 远程 I/O 模块电源接线

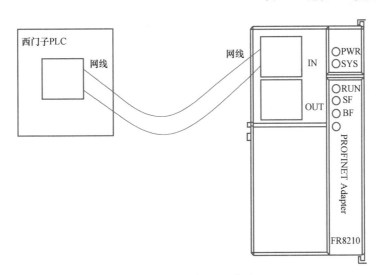

图 3-3 系统与 PLC 接线

表 3-4 FR8210 状态灯的含义

编号	指示灯	说明	颜色	状态	含义
1	PWR	系统电源指示灯	绿色	亮	电源正常
				灭	系统电源未接或电源故障
2	SYS	系统指示灯	绿色	以 1Hz 的频率闪烁	扫描正常
				以 3~5Hz 的频率闪烁	扫描从站时，部分或全部从站丢失
3	RUN	运行指示灯	绿色	灭	从站未运行
				亮	从站处于运行状态

（续）

编号	指示灯	说明	颜色	状态	含义
4	SF	SF 指示灯	红色	灭	没有 PROFINET 诊断
				亮	PROFINET 诊断存在
5	BF	BF 指示灯	红色	灭	PROFINET I/O-Controller 有一个活跃的沟通链接到这个 PROFINET I/O 设备
				亮	没有可用的链接状态
				闪烁	链接状态好，没有通信链接 PROFINET I/O-Controller

4. GSD 文件管理

通用站描述文件（Generic Station Description，GSD）包含所有 I/O 设备属性。如果要组态一个不在硬件目录中显示的 I/O 设备，则必须安装由制造商提供的 GSD 文件。通过安装 GSD 文件将 I/O 设备显示在硬件目录中，即可选择这些 I/O 设备并对其进行组态。

（1）安装 GSD 文件　安装 GSD 文件的步骤如下：

1）在"选项（Options）"菜单中，选择"安装通用站描述文件（GSD）"命令。

2）在"安装通用站描述文件"对话框中，选择保存含有 GSD 文件的文件夹。

3）从所显示 GSD 文件的列表中选择一个或多个文件。

4）单击"安装（Install）"按钮。

5）若要创建安装日志文件，单击"保存日志文件（Savelogfile）"按钮。可通过日志文件来跟踪安装期间发生的所有问题。用户可以在硬件目录的新文件夹中找到通过 GSD 文件安装的新 I/O 设备。

（2）删除 GSD 文件　删除 GSD 文件的步骤如下：

1）在"选项"菜单中，选择"安装通用站描述文件（GSD）"命令。

2）在"安装通用站描述文件"对话框中，选择保存有 GSD 文件的文件夹。

3）在所显示的 GSD 文件列表中选择要删除的文件。

4）单击"删除（Delete）"按钮，所选的 GSD 文件将被删除，相应的 I/O 设备不再出现在硬件目录中。

5. PROFINET 通信

PROFINET 由 PROFIBUS 国际组织（PROFIBUS International，PI）推出，是基于工业以太网技术的新一代自动化总线标准。作为一项战略性的技术创新，PROFINET 为自动化通信领域提供了一个完整的网络解决方案，囊括了实时以太网、运动控制、分布式自动化、故障安全以及网络安全等当前自动化领域的热点话题，并且作为跨供应商的技术，可以完全兼容工业以太网和现有的现场总线（如 PROFIBUS）技术。

PROFINET 是适用于不同需求的完整解决方案，其功能包括八个主要的模块、实时通信、分布式现场设备、运动控制、分布式自动化、网络安装、IT 标准和信息安全、故障安全和过程自动化。

根据响应时间的不同，PROFINET 支持下列三种通信方式：

（1）TCP/IP 标准通信　PROFINET 基于工业以太网技术，使用 TCP/IP 和 IT 标准。

TCP/IP 是 IT 领域关于通信协议方面的标准，尽管其响应时间大概在100ms的量级，但对于工厂控制级的应用来说，这个响应时间足够了。

（2）实时（RT）通信　对于传感器和执行器设备之间的数据交换，系统对响应时间的要求更为严格，大概需要 5~10ms 的响应时间。目前，可以使用现场总线技术达到这个响应时间，如 PROFIBUS-DP。

对于基于 TCP/IP 的工业以太网技术，使用标准通信栈来处理过程数据包，需要很可观的时间。因此，PROFINET 提供了一个优化的、基于以太网第二层（Layer2）的实时通信通道，通过该实时通道，极大地减少了数据在通信栈中的处理时间，从而使 PROFINET 获得了等同于，甚至超过传统现场总线系统的实时性能。

（3）同步实时通信　在现场级通信中，对通信实时性要求最高的是运动控制（Motion Control）。PROFINET 的同步实时（Isochronous Real Time，IRT）技术可以满足运动控制的高速通信需求，在 100 个节点下，其响应时间小于1ms，抖动误差小于1μs，以此来保证做出及时、确定的响应。

6. 硬件组态配置

（1）设备组态　设置自动化系统时，需要对各硬件组件进行组态、分配参数和互连。一般在设备和网络视图中执行这些操作。

1）组态。"组态"是指在设备或网络视图中，对各种设备和模块进行安装、设置和联网。系统自动为各模块分配一个 I/O 地址，这些 I/O 地址随后可以进行修改。自动化系统启动时，CPU 会比较软件的预设组态与系统的实际组态，从而检测出可能的错误并直接进行报告。

2）分配参数。"分配参数"是指设置所用组件的属性。参数分配针对硬件组件和数据交换设置来执行。

在 STEP7 中，可以为以下情况 PROFINET "分配参数"：

① 设备名称和 IP 地址参数。

② 端口互连和拓扑。

③ 模块属性/参数。

这些参数将加载到 CPU 中，并在 CPU 启动期间传送给相应的模块。使用备件可以非常轻松地更换模块，这是因为针对 SIMATIC CPU 分配的参数在每次启动时都会自动加载到新模块中。

3）根据项目需求调整硬件　如果想要设置、扩展或更改自动化项目，则需要配置硬件。为此，需要向组态中添加硬件组件，使它们与现有的组件相连，并根据任务要求修改硬件属性。自动化系统和模块的属性是预设的，在大多数情况下，无须再额外分配参数。但在下列情况下需要进行参数分配：

① 想要更改模块的默认参数设置。

② 想要使用特殊功能。

③ 想要组态通信连接。

（2）网络组态　设备间通信的基础是一个预先组态好的网络。网络组态为通信提供了下列必需条件：使网络中的所有设备具有唯一的地址，使具有持续传输属性的设备之间可以通信。

组态网络的步骤如下：

1) 将设备连接到子网。

2) 为每个子网指定属性/参数。

3) 为每个联网模块指定设备属性。

4) 将组态数据下载到设备，给接口提供网络组态所生成的设置。

5) 保存网络组态。

对于开放式用户通信，可通过连接参数分配来创建和组态子网。

设备的以太网接口具有一个默认的 IP 地址，用户可以更改该地址。

① IP 地址。如果具有通信功能的模块支持 TCP/CP 协议，则 IP 参数可见。要将 PROFINET 设备寻址为工业以太网中的设备，须确保该设备的 IP 地址在该网络中是唯一的。IP 地址通常由 STEP7 自动分配，并根据设备名称分配给设备。如果是一个独立网络，则可使用 STEP7 建议的 IP 地址和子网掩码；如果网络为公司现有以太网网络的一部分，则应从网络管理员处获取这些数据。

基于 Internet 协议 V4（IPv4），IP 地址由四个 0~255 之间的十进制数字组成，各十进制数字相互之间用点隔开，如 140.80.0.2。

IP 地址包括 IP 子网的地址和设备（通常也称为主机或网络节点）的地址。

② 子网掩码。子网掩码将上述两个地址拆分。它确定 IP 地址的哪一部分用于网络寻址，哪一部分用于设备寻址。子网掩码的设置位确定 IP 地址的网络部分，如 255.255.0.0 = 11111111.11111111.00000000.00000000。

针对上述 IP 地址实例，此处的子网掩码具有以下含义：IP 地址的前两个字节标识子网（即 140.80），后两个字节（即 0.2）用于对设备进行寻址。

通常情况下，网络地址通过将 IP 地址与子网掩码进行"与"运算来获得，设备地址通过将 IP 地址与子网掩码进行"与非"运算来获得。

③ 手动修改 IP 地址。

STEP7 可能不调整互连设备的 IP 地址，对于具有多个 PROFINET 接口的设备，这会导致所产生的网络无法正确编译。在这种情况下，需要手动修改设备的 IP 地址，此时应遵循以下规则：

a. 不使用路由器进行相互通信的设备只能在相同的 IP 子网中。

b. 对于具有多个 PROFINET 接口的设备，接口必须在不同的 IP 子网中。

更改 PROFINET 接口 IP 地址的步骤如下：

a. 切换到网络视图（如果事先未选中）。

b. 单击不属于该 IP 子网的 PROFINET 接口图标。

c. 在 PROFINET 接口属性中更改 IP 地址的子网部分（"以太网地址"区域）。

例如，IP 地址为"192.168.0.1"，子网掩码为"255.255.255.0"。前三组数字"192.168.0"是 IP 地址"192.168.0.1"的 IP 子网部分。可通过手动转换，将 IP 子网部分更改为"192.168.1"。

【任务实施】

1. 安装 GSD 文件

1) 在博图软件中，打开项目视图，在"选项"菜单中找到"管理通用站描述文件

（GSD）"选项，如图 3-4 所示。

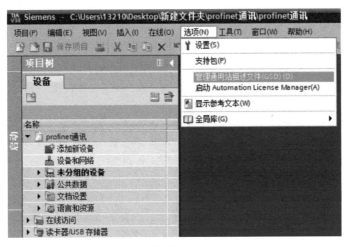

图 3-4 "管理通用站描述文件（GSD）"选项

2）需要提前将远程 I/O 模块的 GSD 文件放到文件夹中，然后在源路径中找到存放 GSD 文件的文件夹，如图 3-5 所示。

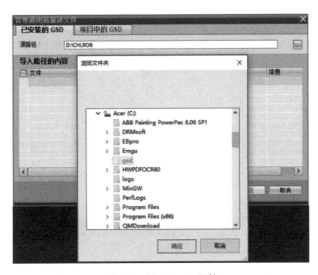

图 3-5 导入 GSD 文件

3）选中源路径后，系统会显示尚未安装的 GSD 文件。选中需要安装的 GSD 文件后，单击"安装"按钮即可，如图 3-6 所示。安装完成后，系统会更新硬件目录，更新完成后，GSD 文件的状态会变成"已经安装"，如图 3-7 所示。现在，就可以在硬件目录中找到远程 I/O 模块了。

2. 组态

（1）硬件添加

1）添加 CPU。

① 在项目树下，双击"添加新设备"，如图 3-8 所示。

图 3-6　安装 GSD 文件

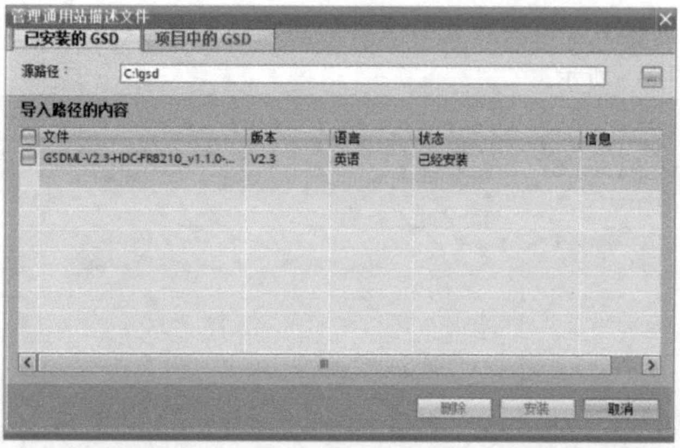

图 3-7　GSD 文件安装完成

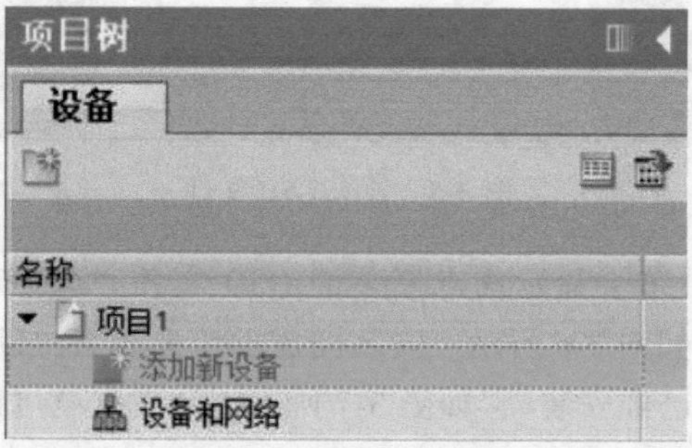

图 3-8　添加新设备

② 选择 CPU1212C DC/DC/DC，选择 V4.1 版本，如图 3-9 所示。

③ 在网络视图中选中 CPU，切换到设备视图，可以在右侧的硬件目录中添加扩展模块，如图 3-10 所示。

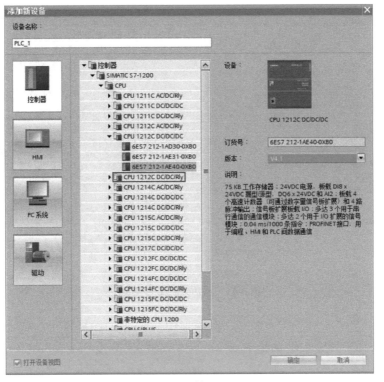

图 3-9 添加 CPU

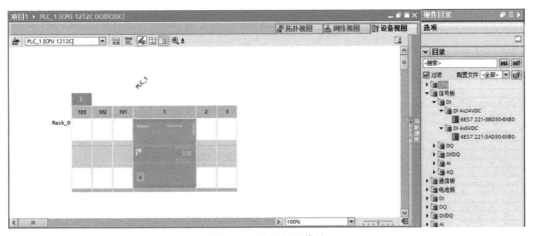

图 3-10 添加拓展模块

2）添加远程 I/O 模块。在安装完远程 I/O 模块 GSD 文件的前提下，切换至网络视图。在右侧的硬件目录中，选择"其他现场设备"→PROFINETI/O→"I/O"→"HDC"→"Smart-LinkI/O"，可以找到远程 I/O 模块 FR8210，双击或拖动便可添加，如图 3-11 所示。

（2）软件预设组态 根据实现通信需要使用的硬件，在硬件目录中添加相应硬件（S7-1200系列 PLC 与远程 I/O 模块），并建立网络连接，如图 3-12 所示。

在网络视图中，选中远程 I/O 模块，切换到设备视图，打开"设备概览"界面，从硬件目录中为远程 I/O 添加输入输出模块，如图 3-13 所示。

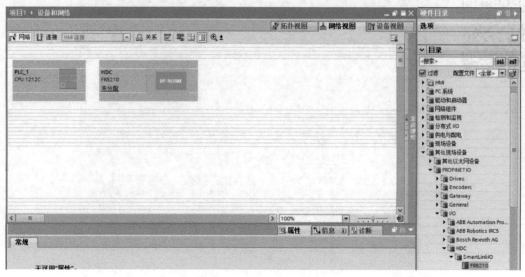

图 3-11　添加远程 I/O 模块

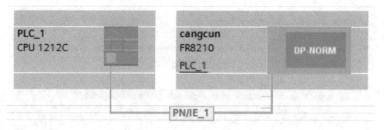

图 3-12　软件预设组态

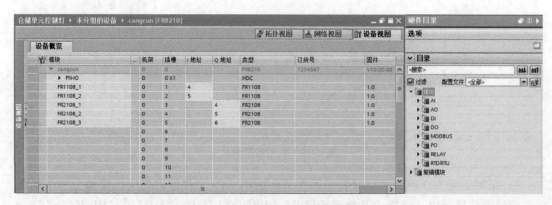

图 3-13　添加远程 I/O 输入输出模块

（3）系统实际组态　根据硬件的电气参数及接线图，为硬件接通电源，并通过网线将 PLC、远程 I/O 设备及 PC 连接到交换机，如图 3-14 所示。

3. 分配硬件地址及设备名称

PROFINET I/O 系统由一个 PROFINET I/O 控制器及其分配的 PROFINET I/O 设备组成。

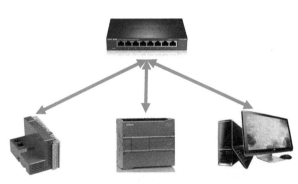

图 3-14　系统实际组态

这些设备在网络或拓扑视图中就位后，STEP7 会为其分配默认值。

因此，在分配硬件地址前，需要先连接网络，将 I/O 设备（此处为远程 I/O 模块）分配给 I/O 控制器（此处为 S7-1200 型 PLC）。出于寻址的需要，PROFINET 设备应名称唯一且 IP 地址唯一。可以在巡视窗口的"PROFINET 接口"中的"以太网地址"下找到设备名称和 IP 地址，如图 3-15 所示。

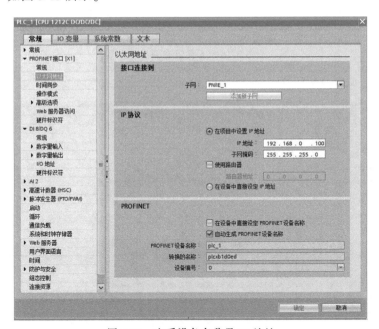

图 3-15　查看设备名称及 IP 地址

4. 在线调试

设备组态完成后，单击编译按钮 进行编译，确认没有错误后，单击下载按钮 ，将设备组态下载到控制器中。搜索设备，单击控制器设备（即 PLC），再单击"下载"按钮即可，如图 3-16 所示。

如果下载完成后，出现报错（图 3-17 中红色感叹号区域），可以通过"在线诊断"功能查找出现问题的原因，从而找到解决方法（主要应查看 IP 地址及 PROFINET 设备名称是否一致）。

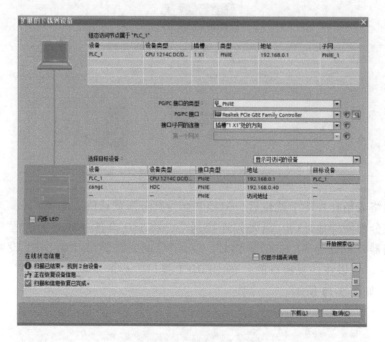

图 3-16　下载组态到设备

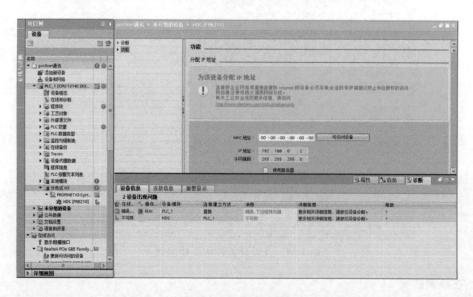

图 3-17　在线和诊断

问题解决后，转至离线状态，并重启硬件设备，重新编译，并转至在线状态，直到通信成功，如图 3-18 所示。

5. 仓储单元物料指示灯控制

取仓储单元 1 号工位的物料指示灯、料仓推动气缸和料仓推出检测接近开关，将物料指示灯和料仓推动气缸的线接至远程 I/O 输出模块上，料仓推出检测接近开关的线接至远程

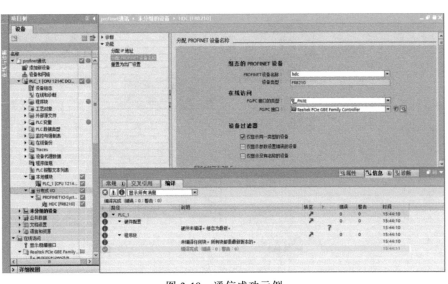

图 3-18   通信成功示例

I/O 输入模块上，通过在程序功能 FB 块中添加常开触点和线圈位逻辑运算指令，当料仓推出气缸推出到位后，料仓指示灯中的绿灯亮，效果如图 3-19 所示。

a)   b)

图 3-19   物料指示灯控制

6. PLC 程序解析

仓储单元物料指示灯控制流程图如图 3-20 所示。

PLC 变量表如图 3-21 所示。

OB 组织块程序如图 3-22 所示。

【知识拓展】

自主查阅资料，了解 PROFIBUS 现场总线相关知识，比较 PROFINET I/O 与 PROFIBUS-DP 之间的异同。表 3-5 列出了 PROFINET I/O 与 PROFIBUS-DP 术语的比较。

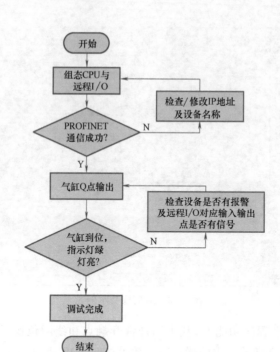

图 3-20　仓储单元物料指示灯控制流程图

仓储单元

	名称	数据类型	地址	保持
1	1#料仓推出气缸	Bool	%Q6.0	☐
2	1#料仓推出检知	Bool	%I5.0	☐
3	1#料仓指示灯-绿	Bool	%Q4.1	☐
4	物料推出缩回	Bool	%M400.0	☐

图 3-21　PLC 变量表

▼　程序段2：仓储单元控制料仓灯

注释

```
    %M400.0                                              %Q6.0
  "物料推出缩回"                                      "1#料仓推出气缸"
     ┤ ├                                                ─( S )─


    %I5.0                                               %Q4.1
  "1#料仓推出检知"                                    "1#料仓指示灯-
                                                          绿"
     ┤ ├                                                ─(   )─


    %M400.0                                              %Q6.0
  "物料推出缩回"                                      "1#料仓推出气缸"
     ┤/├                                                ─( R )─
```

图 3-22　OB 组织块程序

表 3-5　PROFINET I/O 与 PROFIBUS-DP 术语比较表

序号	PROFINET I/O	PROFIBUS
1	I/Osystem	DPmastersystem
2	I/Ocontroller(PLC)	DPmaster1 类主站(PLC)
3	I/Osupervisor(PG/HMI)	DPmaster2 类主站(PG)
4	GSD 文件(XML)	GSD 文件(text)
5	I/Odevice	DPslave

任务4　两个西门子 S7-1200 型 PLC 之间的控制实训

【任务描述】

本任务以总控单元（图4-1）为硬件基础，通过 S7 通信方式，实现两个 S7-1200 型 PLC 之间的数据交换。

任务流程：用网线连接总控单元的 PLC1 与 PLC2，然后在博图软件中进行组态并下载到硬件，完成 PLC1 与 PLC2 之间的 S7 通信。最后进行 PLC 编程，实现通过接到 PLC1 输入端的绿色按钮控制接到 PLC2 端的三色灯。结果为按一次按钮三色灯绿灯亮，按两次按钮三色灯黄灯亮，按三次按钮三色灯红灯亮，按四次按钮三色灯全灭。

图 4-1　总控单元

【知识储备】

1. S7 通信

S7 协议是专门用于西门子控制产品优化设计的通信协议，它是面向连接的协议，在进行数据交换之前，必须与通信伙伴建立连接。面向连接的协议具有较高的安全性。

连接是指两个通信伙伴之间为了执行通信服务而建立的逻辑链路，而不是指两个站之间用物理媒体（如电缆）实现连接。S7 连接是需要组态的静态连接，静态连接要占用 CPU 的连接资源。基于连接的通信分为单向连接和双向连接，S7-1200 仅支持 S7 单向连接。

单向连接中的客户机（Client）是向服务器（Server）请求服务的设备，客户机调用 GET/PUT 指令读写服务器的存储区。服务器是通信中的被动方，用户不用编写服务器的 S7 通信程序，S7 通信是用服务器的操作系统完成的。因为客户机可以读写服务器的存储区，单向连接实际上可以双向传输数据。V2.0 及以上版本的 S7-1200 型 CPU 的 PROFINET 通信口可以用作 S7 通信的服务器或客户机。

2. S7 通信相关的功能块

（1）PUT 功能块　PUT 功能块如图4-2所示，其参数见表4-1。

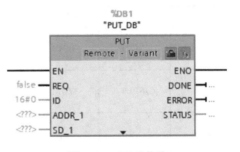

图 4-2　PUT 功能块

表 4-1　PUT 功能块参数

参数	声明	数据类型	存储区	说明
REQ	INPUT	BOOL	I、Q、M、D、L 或常量	控制参数 request,在上升沿时激活数据交换功能
ID	INPUT	WORD	I、Q、M、D、L 或常量	用于指定与伙伴 CPU 连接的寻址参数
DONE	OUTPUT	BOOL	I、Q、M、D、L	状态参数 0:作业未启动,或者仍在执行之中 1:作业已执行,且无任何错误
ERROR	OUTPUT	BOOL	I、Q、M、D、L	状态参数 ERROR 和 STATUS,错误代码 ERROR=0 时,STATUS 的值为 0000H,即无警告也无错误;<>0000H,警告 ERROR=1 时,出错
STATUS	OUTPUT	WORD	I、Q、M、D、L	
ADDR_1	INOUT	REMOTE	I、Q、M、D	指向伙伴 CPU 上用于写入数据区域的指针。指针 REMOTE 访问某个数据块时,必须始终指定该数据块。传送数据结构(如 Struct)时,参数 ADDR_i 处必须使用数据类型 CHAR
ADDR_2	INOUT	REMOTE		
ADDR_3	INOUT	REMOTE		
ADDR_4	INOUT	REMOTE		
SD_1	INOUT	VARIANT	I、Q、M、D	指向本地 CPU 上包含要发送数据区域的指针。仅支持 BOOL、BYTE、CHAR、WORD、INT、DWORD、DINT 和 REAL 数据类型,传送数据结构(如 Struct)时,参数 SD_i 处必须使用数据类型 CHAR
SD_2	INOUT	VARIANT		
SD_3	INOUT	VARIANT		
SD_4	INOUT	VARIANT		

（2）GET 功能块　GET 功能块如图 4-3 所示,其参数见表 4-2。

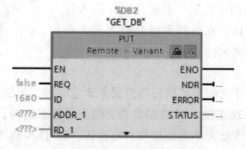

图 4-3　GET 功能块

表 4-2　GET 功能块参数

参数	声明	数据类型	存储区	说明
REQ	INPUT	BOOL	I、Q、M、D、L 或常量	控制参数 request,在上升沿时激活数据交换功能
ID	INPUT	WORD	I、Q、M、D、L 或常量	用于指定与伙伴 CPU 连接的寻址参数
DONE	OUTPUT	BOOL	I、Q、M、D、L	状态参数 0:作业未启动,或者仍在执行之中 1:作业已执行,且无任何错误

（续）

参数	声明	数据类型	存储区	说明
ERROR	OUTPUT	BOOL	I、Q、M、D、L	ERROR = 0 时，STATUS 的值为 1）0000H：既无警告也无错误 2）<>0000H：警告，详细信息参见 STATUS ERROR = 1 时，出错，有关该错误类型的详细信息参见 STATUS
STATUS	OUTPUT	WORD	I、Q、M、D、L	
ADDR_1	INOUT	REMOTE		指向伙伴 CPU 上用于写入数据区域的指针。指针 REMOTE 访问某个数据块时，必须始终指向该数据块
ADDR_2	INOUT	REMOTE	I、Q、M、D	
ADDR_3	INOUT	REMOTE		
ADDR_4	INOUT	REMOTE		
SD_1	INOUT	VARIANT		指向本地 CPU 上包含要发送数据区域的指针
SD_2	INOUT	VARIANT	I、Q、M、D	
SD_3	INOUT	VARIANT		
SD_4	INOUT	VARIANT		

3. 时钟存储器

时钟存储器是按 1∶1 的占空比周期性地改变二进制状态的位存储器。分配时钟存储器参数时，需要指定要用作时钟存储器字节的 CPU 存储器字节。通过使用时钟存储器可以激活闪烁指示灯或启动周期性的重复操作（如记录实际值）。时钟存储器的设定如图 4-4 所示。

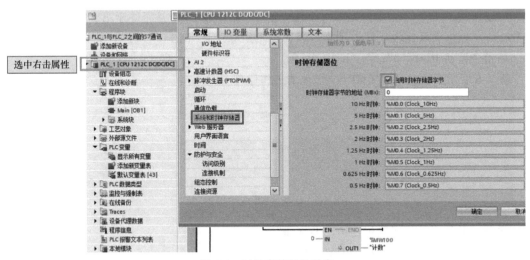

图 4-4　时钟存储器的设定

时钟为存储器字节的每一位分配一个频率，分配情况见表 4-3。

表 4-3　时钟存储器可用频率

时钟存储器字节的位	7	6	5	4	3	2	1	0
周期/s	2.0	1.6	1.0	0.8	0.5	0.4	0.2	0.1
频率/Hz	0.5	0.625	1	1.25	2	2.5	5	10

说明：时钟存储器的运行周期与 CPU 不同步，时钟存储器的状态在一个较长的周期内可以改变多次，且所选的存储器字节不能用于存储中间数据。

4. 数学函数 ADD（加）

使用"加"指令，将输入 IN1 的值与输入 IN2 的值相加，并在输出 OUT（OUT = IN1 + IN2）处查询总和。

在初始状态下，指令框中至少包含两个输入（IN1 和 IN2），可以扩展输入数目，在功能框中按升序对插入的输入进行编号。执行该指令时，将所有可用输入参数的值相加，求得的和存储在输出 OUT 中。

如果满足下列条件之一，则使能输出 ENO 的信号状态为"0"：

1）使能输入 EN 的信号状态为"0"。

2）指令结果超出输出 OUT 所指定数据类型的允许范围。

3）浮点数的值无效。

图 4-5 所示示例说明了 ADD 指令的工作原理。

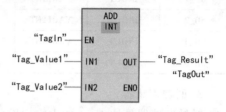

如果操作数"TagIn"的信号状态为"1"，则执行 ADD 指令，将操作数"Tag_Value1"的值与操作数"Tag_Value2"的值相加，相加的结果存储在操作数"Tag_Result"中。如果该指令执行成功，则使能输出 ENO 的信号状态为"1"，同时置位输出"TagOut"。

图 4-5　ADD 指令示例程序

5. 比较操作指令 CMP = =（等于）

可以使用"等于"指令判断第一个比较值（<操作数 1>）是否等于第二个比较值（<操作数 2>）。如果满足比较条件，则指令返回逻辑运算结果（RLO）"1"；如果不满足比较条件，则指令返回 RLO "0"。

图 4-6 所示示例说明了 CMP = =指令的工作原理。

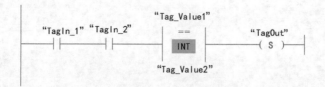

图 4-6　CMP = =指令示例程序

满足以下条件时，将置位输出"TagOut"：

1）操作数"TagIn_1"和"TagIn_2"的信号状态为"1"。

2）如果"Tag_Value1" = "Tag_Value2"，则满足比较指令的条件。

6. 移动操作指令 MOVE（移动值）

可以使用"移动值"指令，将 IN 输入操作数中的内容传送给 OUT1 输出操作数中。始终沿地址升序方向进行传送。

如果满足下列条件之一，使能输出 ENO 将返回信号状态"0"：

1）使能输入 EN 的信号状态为"0"。

2）IN 参数的数据类型与 OUT1 参数的指定数据类型不对应。

图 4-7 所示示例说明了 MOVE 指令的工作原理。

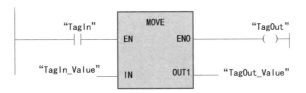

图 4-7 MOVE 指令示例程序

MOVE 指令操作数变化见表 4-4。

表 4-4 MOVE 指令操作数变化

参数	操作数	值
IN	TagIn_Value	0011111110101111
OUT1	TagOut_Value	0011111110101111

如果操作数 "TagIn" 返回信号状态 "1"，则执行 MOVE 指令。MOVE 指令将操作数 "TagIn_Value" 的内容复制到操作数 "TagOut_Value"，并将 "TagOut" 的信号状态置位为 "1"。

【任务实施】

1. 组态及参数设置

1）S7 通信直接读取数据并写入另一个 S7 系列 PLC 的地址，在组态时，只要知道对方 CPU 的 IP 地址即可实现通信，如图 4-8 所示。

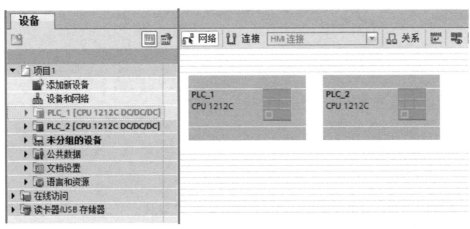

图 4-8 根据现场设备添加两个 CPU-1212C

2）设置 PLC_1 的 IP 地址并添加新子网，如图 4-9 所示。注意：此处添加的子网是在 PLC_1 里，添加子网的目的是实现 PLC_2 与 PLC_1 的网络关联，PLC_2 的 IP 地址设置为 192.168.0.102。

3）在"网络"界面中，选中"连接"中的"S7 连接"。因为是 PLC_1 控制 PLC_2，所以在 PLC_1 中添加新的 S7 连接。选中 PLC_1 的 CPU，右击选中"添加新连接"，如图 4-10 所示。

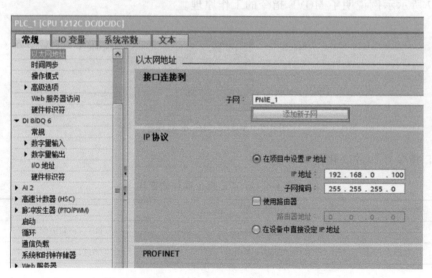

图 4-9　设置 PLC_1 的 IP 地址并添加新子网

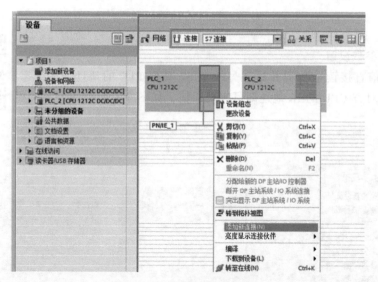

图 4-10　添加新的 S7 连接

4）添加 S7 连接。根据需要自行添加所需数量的 S7 连接，本任务只需添加一个 S7 连接，如图 4-11 所示。

5）在"网络"界面中，可以直观地看到刚刚添加进来的 S7 连接，如图 4-12 所示。

6）选中添加的 S7 连接，并在"属性"→"常规"里进行参数设定，然后把需要控制的 PLC 的 IP 地址填写进去，如图 4-13 所示。

7）设置"地址详细信息"的内容，并进行程序编译，如图 4-14 所示。

8）在博途软件中，当多个 PLC 进行 S7 通信时，要在被读取、写入 CPU 的"防护与安全"属性中设置"允许来自远程对象的 PUT/GET 通信访问"。如果不进行设置，则无法进行 S7 通信。单击 PLC_2，右击"属性"，如图 4-15 所示。

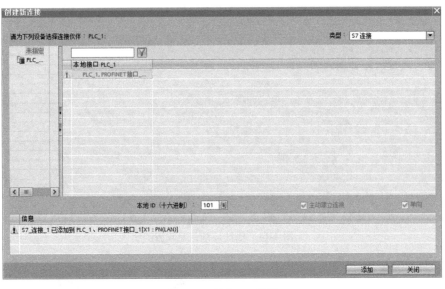

图 4-11　添加 S7 连接

图 4-12　添加进来的 S7 连接

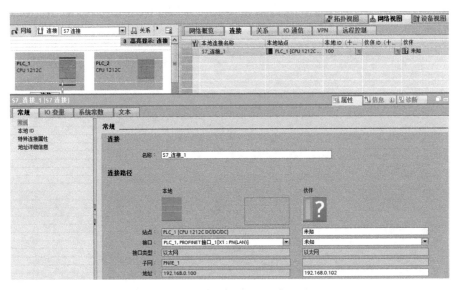

图 4-13　S7 连接的常规属性设置

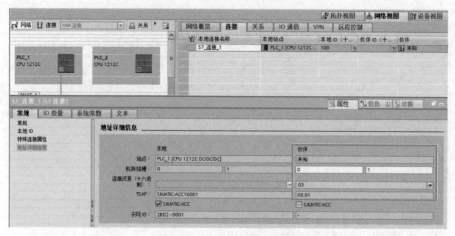

图 4-14　地址详细信息设置

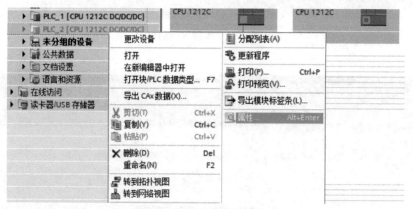

图 4-15　PLC_2 属性设置

9）在"连接机制"中勾选"允许来自远程对象的 PUT/GET 通信访问"复选框，如图 4-16 所示。

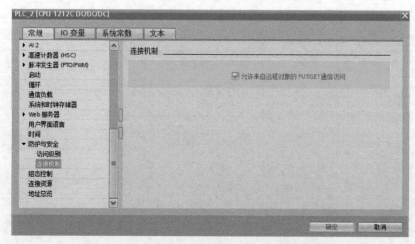

图 4-16　允许来自远程对象的 PUT/GET 访问设置

2．PUT/GET 功能块参数设置及变量关联

1）在 OB_1 组织块中添加 PUT/GET 指令。因为是直接写入状态给 PLC_2，所以添加 PUT 指令即可，如图 4-17 所示。

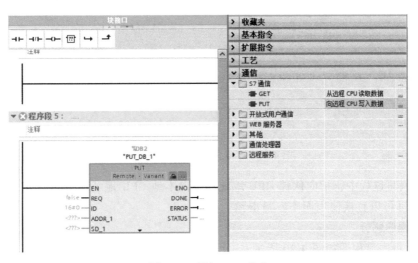

图 4-17　添加 PUT 指令

2）PUT 功能块连接参数设置如图 4-18 所示。

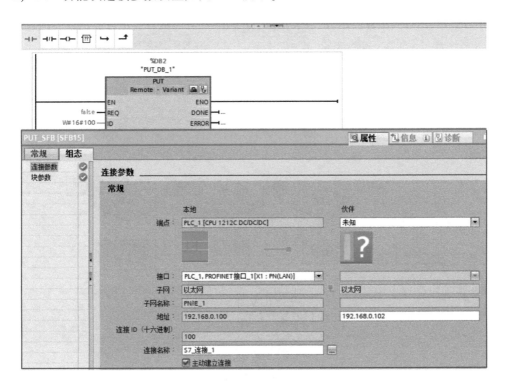

图 4-18　PUT 功能块连接参数设置

3）PUT 功能块变量关联并编译如图 4-19 所示。

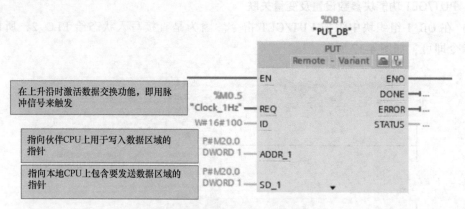

图 4-19　变量关联到 PUT 功能块

在程序编写过程中，指向伙伴 CPU 地址和指向本地 CPU 地址应尽量保持一致，以便在两个 PLC 中都可以直接使用而不容易混淆。

3. PLC 程序解析

1）PLC 程序流程图如图 4-20 所示。

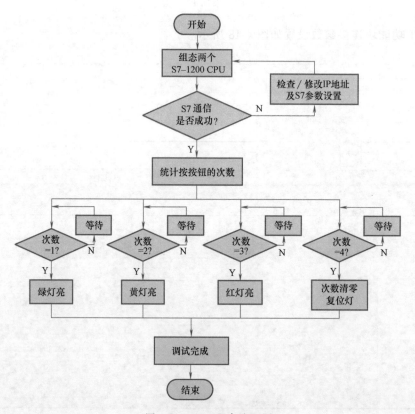

图 4-20　PLC 程序流程图

2）添加 PLC_1 的变量，如图 4-21 所示。

3）通过按钮触发次数来判断灯的输出，如图 4-22 所示。

默认变量表

	名称	数据类型	地址	保持
1	三色灯黄	Bool	%M20.0	
2	三色灯绿	Bool	%M20.2	
3	三色灯红	Bool	%M20.3	
4	绿色按钮	Bool	%I0.1	
5	计数	Int	%MW100	
6	脉冲_1	Bool	%M102.0	

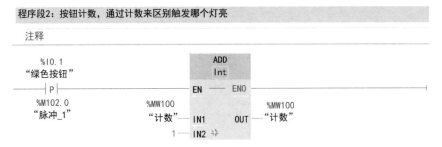

图 4-21　PLC_1 变量表

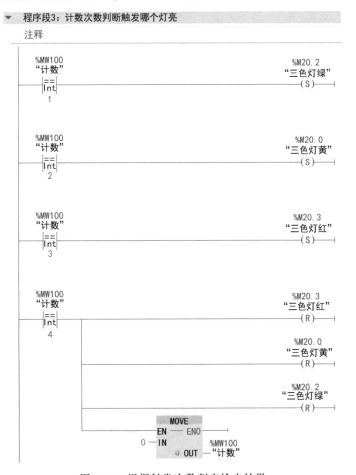

图 4-22　按钮触发次数

4）根据触发次数判定输出结果，如图 4-23 所示。

图 4-23　根据触发次数判定输出结果

　　S7 通信是将相应地址的状态直接读取/写入至被控制 CPU（PLC_2），状态控制程序只需在 PLC_1 中编写，PLC_2 中的映射程序如图 4-24 所示。

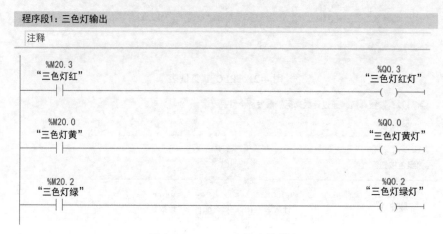

图 4-24　PLC_2 中的映射程序

4. 状态监控

PLC_1 的监控状态如图 4-25 所示。

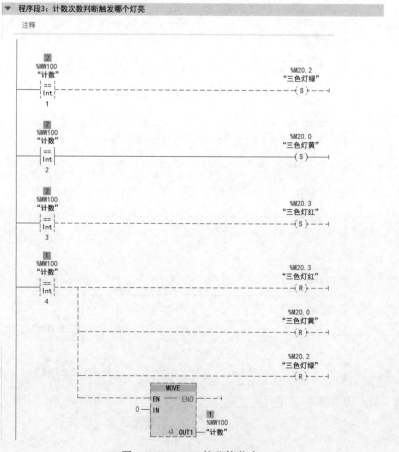

图 4-25　PLC_1 的监控状态

PLC_2 的监控状态如图 4-26 所示。

图 4-26 PLC_2 的监控状态

【知识拓展】

知识延伸：查找资料，了解两个 S7-1200 型 PLC 之间除了 S7 通信，还有哪些通信方式？

课后练习：试以 TCP/IP 通信方式实现本任务的相同功能。

任务 5 机器人端对视觉端的控制实训

【任务描述】

本任务以执行单元与检测单元（图 5-1）为硬件基础，通过以太网无协议通信，实现机器人与视觉控制器之间的通信。

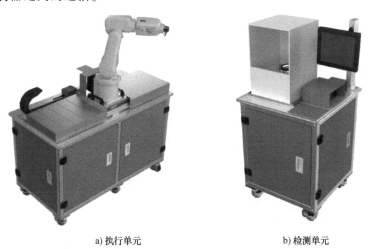

a) 执行单元   b) 检测单元

图 5-1 执行单元与检测单元

任务流程：用网线连接机器人控制柜与视觉控制器，通过以太网无协议通信，实现机器人端对视觉端场景组、场景和拍照等功能的控制，并观察视觉控制器发送给机器人的检测结果。

【知识储备】

1. 欧姆龙视觉系统简介

欧姆龙视觉系统利用视觉传感技术，在实现了高灵敏度、高分辨率图像拍摄的相机上安装了检查测量所需的软件系统，无需高级编程或设备组合，即可实现代替肉眼的高速、高精度检查测量。

（1）基本测量原理　在欧姆龙 FH 系列产品中，已对图像处理检查所需的一系列处理（图像输入、测量处理、显示和输出等）进行了打包。用户可以利用这些打包后的处理，按照图像处理检查的执行顺序制作流程，FH 将根据用户制作的流程执行图像处理检查。基本测量原理如图 5-2 所示。

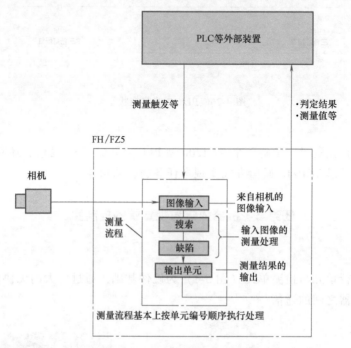

图 5-2　基本测量原理

（2）软件操作基本术语

1）场景（Scene）和场景组（SceneGroup）。软件中有适合各种测量对象和测量内容的处理项目。对这些处理项目进行适当组合并执行，即可完成符合要求的测量。处理项目的组合称为场景，只要从已经预备的处理项目列表中选取符合要求的处理项目，组合成流程图，就能简便地创建场景。

以 128 个场景为单位集合而成的处理流程称为场景组。要增加场景数量，或要对多个场景按照各自的类别进行管理时，制作场景组后将会非常方便。最多可以设定 32 个场景组。

图 5-3 所示为场景操作，图 5-4 所示为场景组操作。

2）流程（项目）。检测处理的项目单元包括检查和测量、读取图像、修正图像、支持检查和测量、分支处理、结果输出和结果显示，如图 5-5 所示。

3）模型。将模型登录或基准登录中使用的图像保存为登录图像，可在之后参照，用于模型再登录或基准位置等的调整。

模型状态可能会影响测量时间和精度。在登录模型时，应选择状态良好（干净）的测量对象。当模型较大、较复杂时，处理时间会延长；当模型太小、无特征时，搜索处理不稳定。

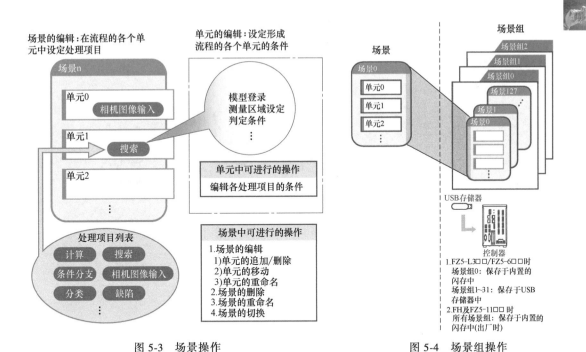

图 5-3　场景操作　　　　　　　　　　　　图 5-4　场景组操作

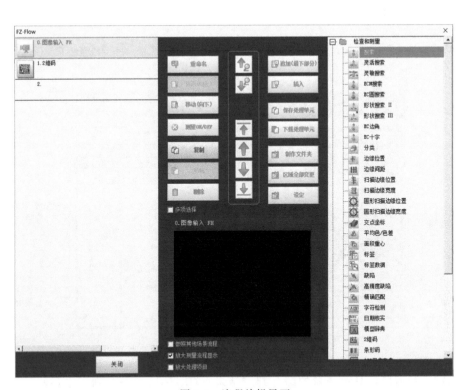

图 5-5　流程编辑界面

4）相似度。通过相似度来判定搜索的处理项目。相似度用于确认实际测量图像和基准模型图像之间的一致性（相似程度）与基准模型图像相比，若测量图像部分缺少或者形状不同，则相似度会降低。

5）校准。由于相机和外部机器具有不同的坐标系，因此，应对相机坐标系和外部机器坐标系的对应关系进行计算，这种功能称为校准。

使用外部机器，按照规定的顺序重复执行"工件的移动"→"测量"，由 FH/FZ5 计算校准参数，如图 5-6 所示。

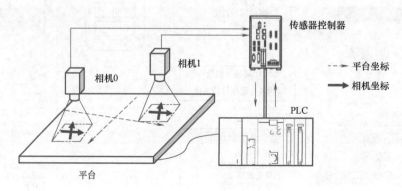

图 5-6　校准功能

6）重心。模型对象像素的中心称为重心，通常用 X、Y 轴坐标值表示。

（3）软件界面

1）主界面如图 5-7 所示。

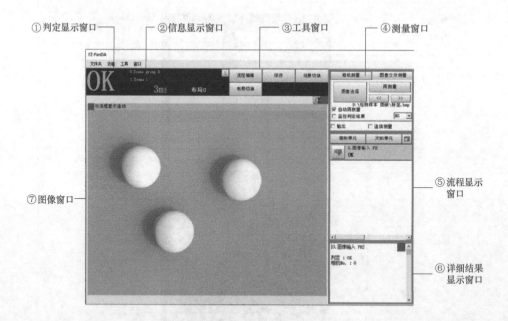

图 5-7　主界面

① 判定显示窗口：显示场景的综合判定结果（OK/NG）。综合判定中显示的处理单元群中，如果任一判定结果为 NG，则显示为 NG。

② 信息显示窗口。

a. 布局：显示当前显示的布局编号。

b. 处理时间：显示测量处理所用的时间。

c. 场景组名称、场景名称：显示当前显示中的场景组编号、场景编号。

③ 工具窗口。

a. "流程编辑"：启动用于设定测量流程的"流程编辑"界面。

b. "保存"：将设定数据保存到控制器的闪存中。变更任意设定后，必须单击此按钮保存设定。

c. "场景切换"：切换场景组或场景。

d. "布局切换"：切换布局编号。

④ 测量窗口。

a. "相机测量"：对相机图像进行试测量。

b. "图像文件测量"：对保存的图像进行再测量。

c. "输出"：要将"调整"界面中的试测量结果也输出到外部时，勾选该选项；不输出到外部，仅进行传感器控制器的单独试测量时，取消勾选该选项。

d. "连续测量"：希望在"调整"界面中连续进行试测量时，勾选该选项。勾选"连续测量"并单击"测量"后，将连续重复执行测量。

⑤ 流程显示窗口：显示测量处理的内容（测量流程中设定的内容）。单击各处理项目的图标，系统将显示处理项目的参数等需要设定的属性界面。

⑥ 详细结果显示窗口：显示试测量结果。

⑦ 图像窗口：显示已测量的图像。

2）流程编辑界面如图 5-8 所示。

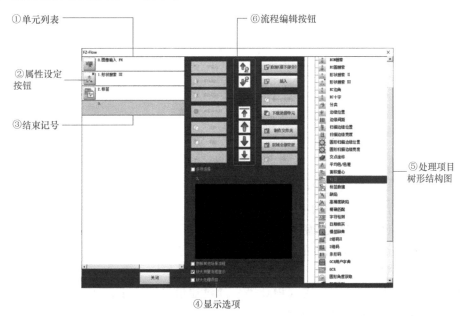

图 5-8　流程编辑界面

① 单元列表：列表显示构成流程的处理单元。通过在单元列表中追加处理项目，可以制作场景的流程。

② 属性设定按钮：按下此按钮，系统将显示属性设定界面，可对属性进行详细设定。

③ 结束记号：表示流程的结束。

④ 显示选项。

a. "参照其他场景流程"：若勾选该选项，则可参照同一场景组内其他场景的流程。

b. "放大测量流程显示"：若勾选该选项，则以大图标显示单元列表的流程。

c. "放大处理项目"：若勾选该选项，则以大图标显示处理项目树形结构图。

⑤ 处理项目树形结构图：用于选择追加到流程中的处理项目。处理项目按类别以树形结构图显示。

单击各项目图标上的"+"，可显示下一层项目；单击各项目图标上的"-"，所显示的下一层项目将被收起来。勾选"参照其他场景流程"后，系统将显示场景选择框和其他场景流程。

⑥ 流程编辑按钮：可以对场景内的处理单元进行重新排列或删除。

3）属性设定界面如图 5-9 所示。

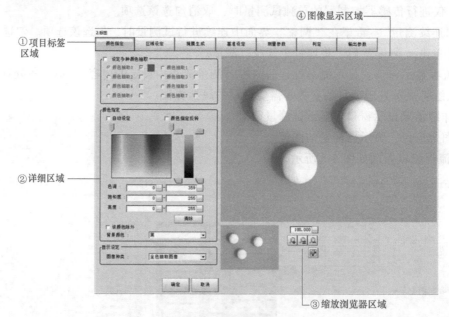

图 5-9　属性设定界面

① 项目标签区域：显示设定中处理单元的设定项目，从左边的项目起依次进行设定。

② 详细区域：用于设定详细项目。

③ 缩放浏览器区域：放大/缩小显示图像。

④ 图像显示区域：显示相机的图像、图形和坐标等内容。

2. 视觉通信方式简介

视觉传感器控制器和外部装置（PLC 等）通过通信电缆连接，并可以根据多种通信协议进行通信，如图 5-10 和表 5-1 所示。

3. 无协议（TCP/IP）通信

无协议（TCP/IP）通信是指利用命令控制的无协议方式，通过以太网或 RS-232C/422 在传感器控制器和外部装置之间进行通信。在以太网中，使用 UDP/IP、TCP/IP 协议进行通信。

无协议通信处理流程如图 5-11 所示。

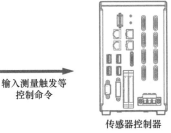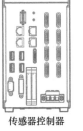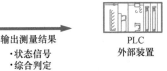

触发传感器

输入测量触发等
控制命令

PLC
外部装置

传感器控制器

输出测量结果
・状态信号
・综合判定
・测量值
・字符输出

PLC
外部装置

图 5-10 视觉通信

表 5-1 视觉通信方式

通信协议	通信电缆
并行	并行 I/O 电缆
PLC	以太网电缆
	RS-232C 电缆
EtherNet/IP	以太网电缆
EtherCAT(仅限 FH)	以太网电缆
无协议	以太网电缆
	RS-232C 电缆

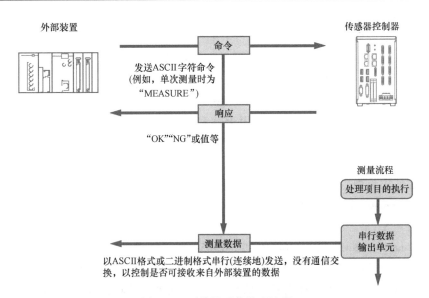

图 5-11 无协议通信处理流程

4. 套接字

（1）套接字简介 TCP 用主机的 IP 地址加上主机上的端口号作为 TCP 连接的端点，这种端点称为套接字（Socket）。

套接字是网络通信过程中端点的抽象表示，包含进行网络通信所必需的五种信息：连接使用的协议、本地主机的 IP 地址、本地进程的协议端口、远地主机的 IP 地址和远地进程的协议端口，如图 5-12 所示。

套接字一般分为三种类型：流式套接字、数据报式套接字和原始套接字。

1）流式套接字（SOCK_STREAM）。这类套接字提供面向连接的、可靠的、数据无错且无重复的数据发送服务，而且发送的数据是按顺序接收的。所有利用这类套接字进行传递的数据均被视为连续的字节流，并且无长度限制。流式套接字适用于对数据的稳定性、正确性和发送/接收顺序要求严格的应用，TCP使用这类套接字。

2）数据报式套接字（SOCK_DGRAM）。数据报式套接字提供面向无连接的服务，不提供正确性检查功能，也不保证各数据包的发送顺序，因此，可能出现数据重发、丢失等现象，并且接收顺序由具体路由决定。与流式套接字相比，使

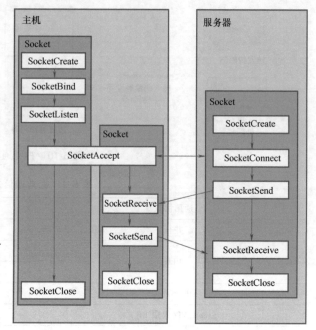

图5-12　套接字

用数据报式套接字对网络线路的占用率较低。在TCP/IP协议组中，UDP使用这类套接字。

3）原始套接字（SOCK_RAW）。原始套接字一般不会出现在高级网络接口中，因为它是直接针对协议的较低层（如IP、ICMP等）直接访问的，常用于网络协议分析、检验新的网络协议实现，也可用于测试新配置或安装的网络设备。

（2）套接字指令　ABB工业机器人与视觉控制器一般采用Socket通信（TCP/IP），前提是机器人系统配有PC-Interface选项，在指令组Communicate下可以找到相关套接字指令。

1）SocketCreate（创建新套接字）：用于针对基于通信或非连接通信的连接，创建新的套接字。例如：

SocketCreate socket1；

表示创建使用流型协议TCP/IP的新套接字设备，并分配到变量socket1。

2）SocketConnect（连接远程计算机）：用于将套接字与客户端应用中的远程计算机相连。例如：

SocketConnect socket1，"192.168.0.1"，1025；

表示尝试与IP地址192.168.0.1和端口1025处的远程计算机相连。

3）SocketSend（向远程计算机发送数据）：用于向远程计算机发送数据，可用于客户端和服务器应用。例如：

SocketSend socket1 \ Str：="Helloworld"；

表示将消息"Helloworld"发送给远程计算机。

4）SocketClose（关闭套接字）：当不再使用套接字连接时，使用SocketClose。在关闭套接字之后，不能将其用于除SocketCreate以外的所有套接字的调用。例如：

SocketClose socket1；

表示关闭套接字，且不能再使用。

【任务实施】

1. 硬件连接

用网线连接视觉控制器与机器人控制柜,如图 5-13 所示。

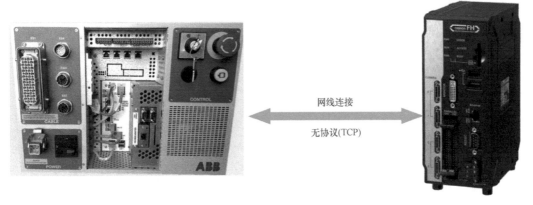

图 5-13　硬件连接

2. 视觉控制器的设置

(1) 设置通信方式　在菜单栏的"工具"选项下选择"系统设置",在新界面中选择"通信模块",在"串行(以太网)"下拉菜单中选择"无协议(TCP)"方式,保存后重启,如图 5-14 所示。

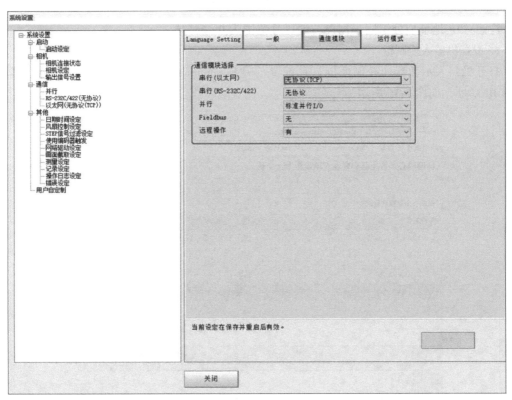

图 5-14　设置通信方式

（2）设置 IP 地址及端口号　在"以太网［无协议（TCP）］"中设定 IP 地址及端口号，如图 5-15 所示。

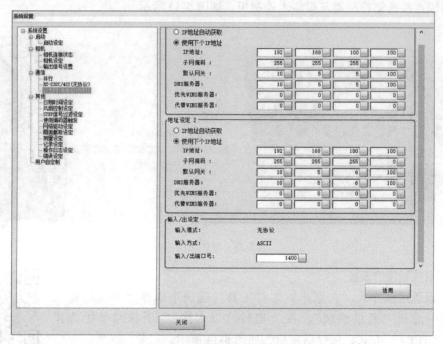

图 5-15　设置视觉控制器 IP 地址及端口号

注意：IP 地址应处于同一网段；端口号范围为 0～65535。

3. 设置机器人控制柜

打开机器人示教器"控制面板"→"配置"→"Communication"，选择"IP Setting"选项，添加 IP 地址，如图 5-16 所示。

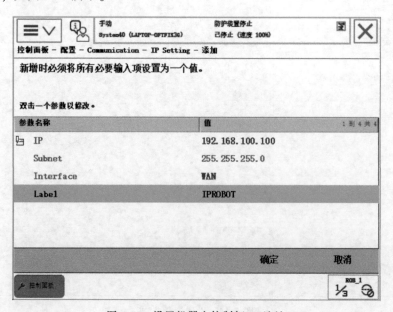

图 5-16　设置机器人控制柜 IP 地址

4. Omron 流程编辑

切换到相关场景，在"流程编辑"中添加检测流程，并通过"串行数据输出"实现数据输出，如图 5-17 所示。

串行数据输出的输出格式如图 5-18 所示。

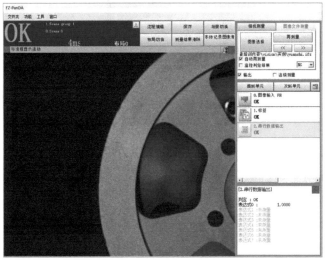

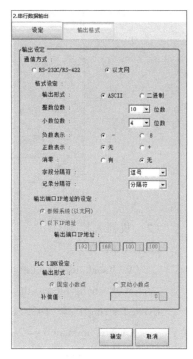

图 5-17　Omron 流程编辑　　　　　　　　图 5-18　串行数据输出的输出格式

5. 机器人通信程序解析

（1）机器人通信测试程序　在程序编辑器中添加以下程序，在手动模式下，手动单步执行程序。若出现"r-c_ok"提示，则表示机器人与 CCD 已经建立通信；若出现超过 60s 报错，则检查上述步骤是否正确。

```
MODULEVision
    VAR socketdev socket1;
    VAR string ph_result:="";
    PROC VTest()
        SocketCreate socket1;
        SocketConnect socket1,IP,port\Time:=60;
        TPWrite"r-c_ok";
        WaitTime 0.2;
        SocketClose socket1;
    ENDPROC
ENDMODULE
```

通信成功后会出现写屏指令，如图 5-19 所示。

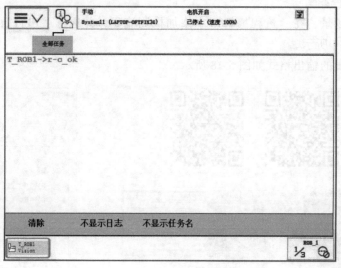

图 5-19　测试程序执行结果

（2）机器人控制程序

MODULECCD

    VARsocketdev socket_ccd;！声明变量 socket1

    VAR string ph_result：="　"；！声明变量 ph_result

CONST stringIP：="192.168.100.101"；！定义 IP 地址

    CONST num port：=2000；！定义端口号

    PROCVControl( )

        SocketCreate socket_ccd;！创建套接字 socket1

        SocketConnect socket_ccd,IP,port\Time：=60；！设置套接字的 IP 地址与端口号

        TPWrite"r-c_ok"；！连接成功时显示"r-c_ok"

        WaitTime0.2；

        SocketSend socket_ccd\Str：="SCNGROUP1"；！发送更换场景组 1 的指令

        WaitTime0.2；

        SocketSend socket_ccd\Str：="SCENE1"；！发送更换场景 1 的指令

        WaitTime0.2；

    SocketSend socket_ccd\Str：="M"；！发送拍照指令

        WaitTime0.2；

        SocketReceive socket_ccd\Str：=ph_result\Time：=60；！接收 CCD 输出数据

        TPWrite"ph_ok"；！显示"ph_ok"

        TPWrite ph_result；！显示 CCD 输出数据

        SocketClose socket_ccd;！关闭套接字

    ENDPROC

ENDMODULE

执行以上程序后，视觉端会切换到场景组 1 中的场景 1 并拍照，如图 5-20 所示；机器人端将收到视觉端发送的数据，如图 5-21 所示。

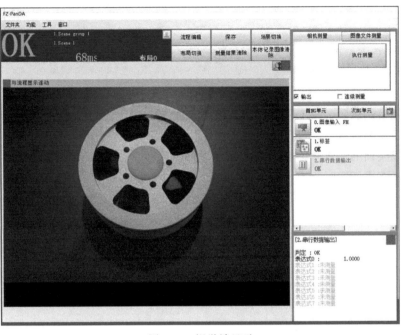

图 5-20　视觉端显示

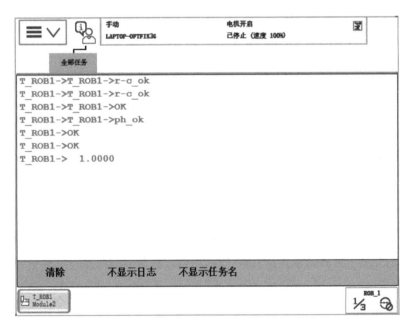

图 5-21　机器人端显示

【知识拓展】

课后练习：在网络上通过条形码生成器将数据信息转换成条形码，将条形码打印出来，并粘到轮毂上，通过视觉检测，将条形码信息传送给机器人，并通过写屏指令将条形码信息显示出来。

ROBOT
项目3 PLC编程技术应用

大量工程实例表明，在工程中科学合理地应用 PLC 编程技术，能在很大程度上保证工程运行的稳定性和质量，同时也是实现智能化和自动化的主要途径。

本项目以实训的形式介绍 PLC 程序的基本结构和编制方法，并通过 WinCC 画面对现场设备的工作状态进行实时监控。

任务6 加工单元控制实训

【任务描述】

本任务以总控单元和加工单元（图 6-1）为硬件基础，通过总控单元 PLC 与加工单元远程 I/O 模块之间的 PROFINET 通信，配合 WinCC 画面，实现 PLC 对加工单元的控制。

a) 总控单元　　　　　　　　　　　　　　　　　　b) 加工单元

图 6-1　总控单元和加工单元

任务流程：用网线连接总控单元与加工单元，通过编写 PLC 程序，实现用户程序对加工单元安全门的开关、夹具的位置及 CNC 的启动运行等信号的控制，并通过 WinCC 画面实现交互。

【知识储备】

1. 数据类型

S7-1200 基本数据类型见表 6-1。

表 6-1　S7-1200 基本数据类型

变量类型	符号	位数	取值范围	常数举例
位	Bool	1	1、0	TRUE、FALSE 或 1、0
字节	Byte	8	16#00～16#FF	16#12、16#AB
字	Word	16	16#0000～16#FFFF	16#ABCD、16#0001

（续）

变量类型	符号	位数	取值范围	常数举例
双字	DWord	32	16#00000000 ~ 16#FFFFFFFF	16#02468ACE
字符	Char	8	16#00 ~ 16#FF	'A''t''@'
有符号字节	SInt	8	−128 ~ 127	123、−123
整数	Int	16	−32768 ~ 32767	123、−123
双整数	DInt	32	−2147483648 ~ 2147483647	123、−123
无符号字节	USInt	8	0 ~ 255	123
无符号整数	UInt	16	0 ~ 65535	123
无符号双整数	UDInt	32	0 ~ 4294967295	123
浮点数（实数）	Real	32	$\pm 1.175495 \times 10^{-38} \sim \pm 3.402823 \times 10^{38}$	12.45、−3.4、−1.2E+3
双精度浮点数	LReal	64	$\pm 2.2250738585072020 \times 10^{-308} \sim$ $\pm 1.7976931348623157 \times 10^{308}$	12345.12345、 −1.2E+40
时间	Time	321	T#−24d20h31m23s648 ~ T#24d20h31m23s648ms	T#1d_2h_15m_30s_45ms

2. 程序结构

S7 系列 PLC 采用了块的概念，将程序分解为独立的、自成体系的各个部件，类似于子程序的功能，但类型更多、功能更强大。

S7-1200 支持组织块 OB、函数块 FB、函数 FC 和数据块 DB，如图 6-2 所示。

（1）组织块 OB 组织块 OB 是操作系统和用户程序之间的接口，通过对组织块进行编程，可以创建 PLC 在特定时间执行的程序，以及响应特定时间的程序。

下列事件可以使用到组织块：启动、循环程序、延时中断、循环中断、硬件中断、时间错误中断和诊断错误中断。

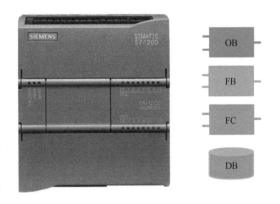

图 6-2　S7-1200 程序结构

（2）函数块 FB 函数块 FB 是一种代码块，它将输入、输出和输入/输出参数永久地存储在背景数据块中，因此在执行块之后，这些值依然有效。所以函数块也称为"有存储器"的块。

函数块也可以使用临时变量。临时变量并不存储在背景数据块中，而是用于一个循环。

可以在其他代码块中调用执行函数块，并且可以在程序中的不同位置多次调用同一个函数块。因此，函数块可以简化重复出现的函数的编程。

（3）函数 FC 函数 FC 是不含存储区的代码块，通过它可在用户程序中传送参数。由于没有可以存储块参数值的数据存储器，因此调用函数时，必须给所有形参分配实参。

函数可以使用全局数据块永久性地存储数据。

函数中包含一个程序，在其他代码块调用该函数时将执行此程序。可以将函数用于下列目的：

1）将函数值返回给调用块。

2）执行工艺功能。

可以在程序中的不同位置多次调用同一个函数。

注意：FB 功能块和 FC 功能块最大的不同就是是否有数据保存功能。

（4）数据块 DB　数据块 DB 分为全局数据块和背景数据块。

1）全局数据块。所有其他块都可以使用全局数据块中的数据，每个函数块、函数或组织块都可以从全局数据块中读取数据或向其中写入数据。即使在退出数据块后，这些数据仍然保存在其中。

2）背景数据块。背景数据块对应于一个函数块 FB，其结构和函数块的接口是一致的。

3. 程序调用

在程序中，当一个代码块调用另一个代码块时，CPU 会执行被调用块中的程序代码。程序调用时，也可以进行块的嵌套调用，通过增加嵌套深度，可以实现更加模块化的结构，如图 6-3 所示。

注意：组织块 OB 是由操作系统调用的程序块，OB 会对 CPU 的特定事件做出响应，并可中断用户程序的执行，循环程序的默认组织块 OB1 是唯一一个用户必需的代码块。

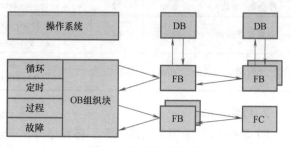

图 6-3　块的嵌套调用

4. 功能块的建立

（1）函数块 FB 的建立　函数块 FB 的建立方法如图 6-4 所示。

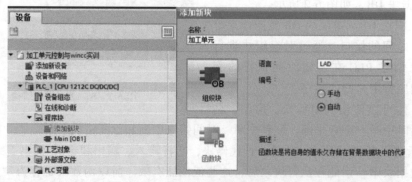

图 6-4　函数块 FB 的建立方法

（2）函数块 FB 内部变量的添加　通过编程界面的下拉按钮，可以打开函数块 FB 的内部变量表，如图 6-5 所示。

（3）内部变量的含义　各种内部变量的含义见表 6-2。

5. 位逻辑运算指令

（1）⊣├（常开触点）　常开触点的激活与否取决于相关操作数的信号状态。当操作数的信号状态为"1"时，常开触点将闭合，同时输出的信号状态置位为输入的信号状态。当操作数的信号状态为"0"时，常开触点将打开，同时该指令输出的信号状态复位为"0"。

两个或多个常开触点串联时，将逐位进行"与"运算，只有在所有触点都闭合后，才产生信号流。常开触点并联时，将逐位进行"或"运算，只要有一个触点闭合，就会产生信号流。

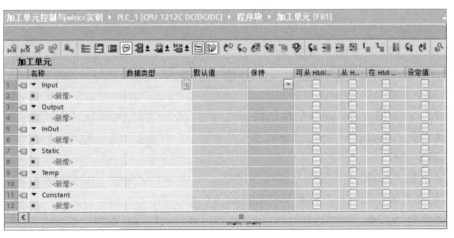

图 6-5 函数块 FB 内部变量的添加

表 6-2 各种内部变量的含义

名称	含　义
Input	输入变量,作为输入引脚
Output	输出变量,作为输出引脚
InOut	输入输出变量,既可以作为输入引脚,也可以作为输出引脚
Static	用户可指定将设备的内部本地地址与内部全局地址进行相互转换。此变量允许建立双向连接,可从外部网络访问内部网络中的设备
Temp	临时缓存变量,不能保存数据,下一个周期数据就会丢失
Constant	常量,程序中的值不可修改

例如，使用表 6-3 中的内容创建全局数据块。

表 6-3 全局数据块内容

块名称:SLI_gDB_NOContact	
名称	数据类型
start1	BOOL
start2	BOOL
start3	BOOL
startOut	BOOL

编写的程序代码如图 6-6 所示。

当满足以下任一条件时，将置位操作数 "SLI_gDB_NOContact" . startOut：

1）操作数 "SLI_gDB_NOContact".start1 和 "SLI_gDB_NOContact".start2 的信号状态为 "1"。

2）操作数 "SLI_gDB_NOContact".start3 的信号状态为 "1"。

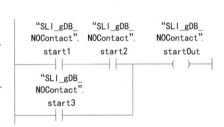

图 6-6 示例程序（常开触点）

（2）―( )― （线圈） 可以使用 "赋值" 指令来置位指定操作数的位。如果线圈输入的逻辑运算结果（RLO）的信号状态为 "1"；则将指定操作数的信号状态置位为 "1"；如果线圈输入的信号状态为"0"，则指定操作数的位将复位为"0"。

该指令不会影响 RLO，线圈输入的 RLO 将直接发送到输出端。

示例程序如图 6-7 所示，当满足以下条件之一时，将置位"TagOut_1"操作数：

1）操作数"TagIn_1"和"TagIn_2"的信号状态为"1"。

2）操作数"TagIn_3"的信号状态为"0"。

图 6-7 示例程序（线圈）

当满足以下条件之一时，将置位"TagOut_2"操作数：

1）操作数"TagIn_1""TagIn_2"和"TagIn_4"的信号状态为"1"。

2）"TagIn_3"操作数的信号状态为"0"且"TagIn_4"操作数的信号状态为"1"。

（3）─(R)─（复位输出）　可以使用"复位输出"指令将指定操作数的信号状态复位为"0"。仅当线圈输入的逻辑运算结果（RLO）为"1"时，才执行该指令。如果信号流通过线圈（RLO＝"1"），则指定的操作数复位为"0"。如果线圈输入的 RLO 为"0"（没有信号流过线圈），则指定操作数的信号状态将保持不变。

示例程序如图 6-8 所示，当满足以下任一条件时，可对操作数"TagOut_1"进行复位：

1）操作数"TagIn_1"和"TagIn_2"的信号状态为"1"。

2）操作数"TagIn_3"的信号状态为"0"。

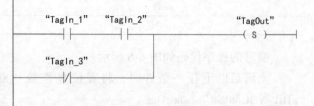

图 6-8 示例程序（复位）

（4）─(S)─（置位输出）　使用"置位输出"指令，可将指定操作数的信号状态置位为"1"。仅当线圈输入的逻辑运算结果（RLO）为"1"时，才执行该指令。如果信号流通过线圈（RLO＝"1"），则指定的操作数置位为"1"；如果线圈输入的 RLO 为"0"（没有信号流过线圈），则指定操作数的信号状态保持不变。

示例程序如图 6-9 所示，当满足以下条件之一时，将置位"TagOut"操作数：

1）操作数"TagIn_1"和"TagIn_2"的信号状态为"1"。

2）操作数"TagIn_3"的信号状态为"0"。

"TagIn_1"　"TagIn_2"　　　　　　　　　"TagOut"

"TagIn_3"

6. 定时器指令"TON"（生成接通延时）

图 6-9 示例程序（位置输出）

可以使用"生成接通延时"（Generation-delay）指令将信号上升沿延迟时间 PT。当输入"IN"的逻辑运算结果（RLO）从"0"变为"1"（信号上升沿）时，启动该指令，此时，预设的时间"PT"即开始计时。超出时间"PT"之后，输出"Q"的信号状态将变为"1"。只要启动输入仍为"1"，输出"Q"就保持置位。当启动输入的信号状态从"1"变为"0"时，将复位输出"Q"。在启动输入检测到新的信号上升沿时，该定时器功能将再次启动。

可以在输出"ET"中查询当前时间值。该定时器值从 T#0s 开始，在达到持续时间值"PT"后结束。只要输入"IN"的信号状态变为"0"，输出"ET"就复位。

每次调用"生成接通延时"指令时，必须将其分配给存储指令数据的 IEC 定时器。

示例程序如图 6-10 所示。当"Tag_Start"操作数的信号状态从"0"变为"1"时，"PT"参数预设的时间开始计时。超过该时间周期后，操作数"Tag_Status"的信号状态将置"1"。只要操作数"Tag_Start"的信号状态为"1"，操作数"Tag_Status"就会保持置位为"1"。当前时间值存储在"Tag_ElapsedTime"操作数中。当操作数"Tag_Start"的信号状态从"1"变为"0"时，将复位操作数"Tag_Status"。

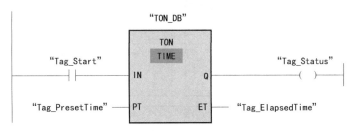

图 6-10 示例程序（生成接通延时）

接通延时定时器操作数见表 6-4。

表 6-4 接通延时定时器操作数

参数	操作数	值
IN	Tag_Start	信号跃迁"0"→"1"
PT	Tag_PresetTime	T#10s
Q	Tag_Status	FALSE；10s 后变为 TRUE
ET	Tag_ElapsedTime	T#0s→T#10s

7. WinCC 简介

西门子 WinCC 的全称为 Windows Control Center，它于 1996 年进入世界工控组态软件市场。WinCC 由于其优良的性能，以及与西门子 SIMATIC S7 等系列 PLC 的无缝集成，而成为 HMI 软件中的后起之秀，在我国得到了广泛应用。

WinCC 具有以下主要功能：

1）过程监控。作为通用型组态软件，WinCC 是可以实现对工业现场生产过程设备进行数据采集、监视和控制的人机界面 HMI 接口。

2）与 PLC 等设备的通信。WinCC 通过驱动程序实现与 PLC 等设备的通信，从而实现过程监控功能。

3）编程接口。WinCC 组态灵活方便，界面动画效果强，可以实现复杂的输入输出功能。

4）报警功能。WinCC 可组态工业级报警功能，实现故障设备信息报警，及时提供设备预警信息，便于安排维修人员抢修。

5）趋势功能。WinCC 提供了逼真的曲线和表格功能，为值班、调度等管理部门分析设备运行状况提供了决策参考。

6）报表功能。WinCC 提供了强大的报表生成和打印功能，为过程控制提供了实用的工具。

7）二次开发功能。作为一款优秀的组态软件，WinCC 提供了丰富的、功能强大的二次开发功能，可以大大扩展现有组态功能。

STEP7 和 WinCC 的产品性能如图 6-11 所示。

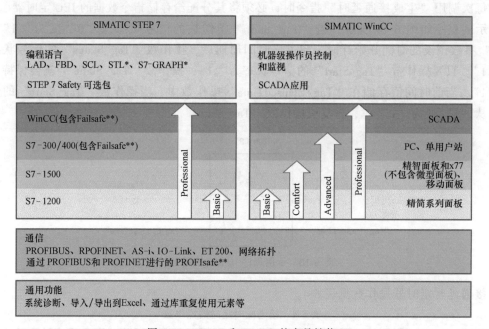

图 6-11　STEP7 和 WinCC 的产品性能

8. WinCC 画面操作基础

（1）WinCC 新画面的添加

1）添加 "WinCC RT Professional"。单击 "添加新设备"，选择 "PC 系统"，选中 "WinCC RT Professional"，如图 6-12 所示。

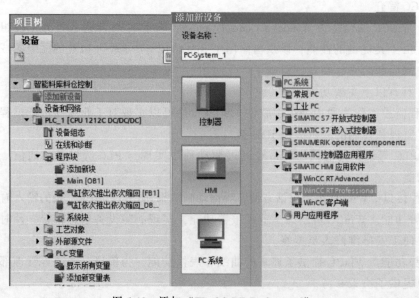

图 6-12　添加 "WinCC RT Professional"

2）添加常规 IE 网络端口。在 "PROFINET/Ethernet" 下单击 "常规 IE"，如图 6-13 所示。

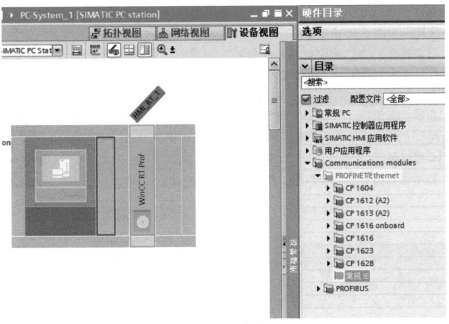

图 6-13 添加常规 IE

3）在 "WinCC RT Professional" 中选择 "添加新画面"，如图 6-14 所示。

（2）元素、基本对象等的添加 在 "工具箱" 中可以找到 "元素" "基本对象" 和 "控件" 等，如图 6-15 所示。

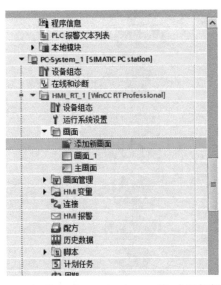

图 6-14 在 "WinCC RT Professional" 中添加新画面　　图 6-15 元素、基本对象等的添加

【任务实施】

1. 系统组态

（1）软件预设组态　根据实现通信需要使用的硬件，在硬件目录中添加相应硬件，并建立网络连接，如图6-16所示。

在"网络视图"中，选中远程I/O模块，切换到"设备视图"，打开"设备概览"列表，在硬件目录中为远程I/O添加输入输出模块，并根据电气图添加远程I/O模块地址，如图6-17所示。

（2）系统实际组态　根据硬件电气参数及接线图，为硬件接通电源，并用网线连接PLC、远程I/O设备、PC与交换机，如图6-18所示。

2. PLC程序解析

（1）程序流程图　程序流程图如图6-19所示。

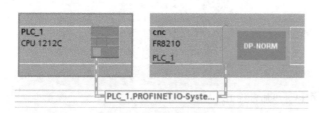

图6-16　软件预设组态

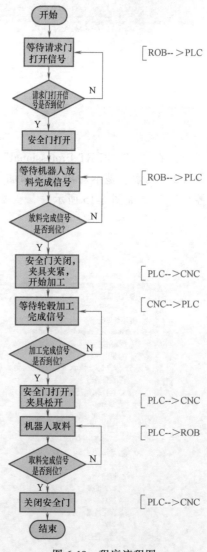

图6-19　程序流程图

图6-17　远程I/O模块地址设置

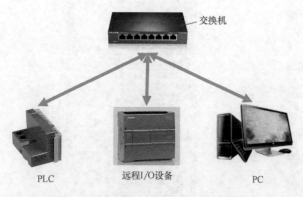

图6-18　远程I/O设备系统实际组态

（2）建立 PLC 变量表　根据设备的电气图，在博途软件中建立 PLC 变量表，如图 6-20 所示。

加工单元

	名称	数据类型	地址
1	CNC运行中	Bool	%I23.0
2	安全门1打开	Bool	%I23.1
3	安全门2打开	Bool	%I23.2
4	CNC加工完成	Bool	%I23.3
5	夹具前位	Bool	%I23.4
6	夹具后位	Bool	%I23.5
7	CNC暂停，ROB允入	Bool	%I23.6
8	安全门关闭	Bool	%I23.7
9	CNC启动	Bool	%Q23.0
10	夹爪	Bool	%Q23.1
11	安全门1	Bool	%Q23.2
12	安全门2	Bool	%Q23.3
13	夹具前移	Bool	%Q23.4
14	夹具后移	Bool	%Q23.5
15	继续运行	Bool	%Q23.6
16	门打开	Bool	%M400.0
17	放料完成请求门关闭	Bool	%M400.1
18	取料完成	Bool	%M400.2
19	加工完成	Bool	%M400.3

图 6-20　建立 PLC 变量表

（3）添加 FB 块内部变量　根据输入输出变量要求添加变量，如图 6-21 所示。

加工单元

名称	数据类型	默认值	保持
▼ Input			
安全门1打开	Bool	false	非保持
安全门2打开	Bool	false	非保持
门打开	Bool	false	非保持
放料完成请求门关闭	Bool	false	非保持
取料完成	Bool	false	非保持
▼ Output			
安全门1	Bool	false	非保持
安全门2	Bool	false	非保持
▼ InOut			
夹爪	Bool	false	非保持
加工完成	Bool	false	非保持

图 6-21　添加 FB 块内部变量

（4）FB 功能块程序（图 6-22）

（5）组织块 OB1 调用 FB 功能块程序（图 6-23）

（6）外部变量关联到 FB 功能块程序（图 6-24）

3. WinCC 画面操作

1）添加“WinCC RT Professional”。单击“添加新设备”，选择“PC 系统”，选中“WinCC RT Professional”，如图 6-25 所示。

2）添加常规 IE 网络端口，如图 6-26 所示。

3）在“WinCC RT Professional”中添加新画面，如图 6-27 所示。

4）完成画面中“圆”“文本域”“按钮”的布局，如图 6-28 所示。

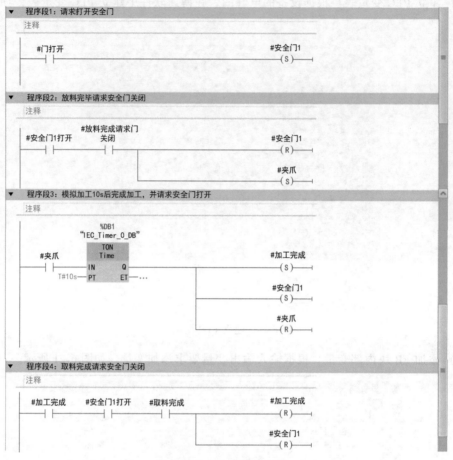

图 6-22　FB 功能块程序

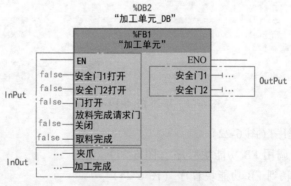

图 6-23　FB 功能块调用

5）按下"门打开"按钮时，变量置位为"1"；松开时，复位为"0"，选中按钮属性，如图 6-29 所示。

6）"门打开"按钮复位设置如图 6-30 所示。

7）用相同的方法设置另外两个按钮。然后设置门打开，加工完成状态显示如图 6-31 所示。

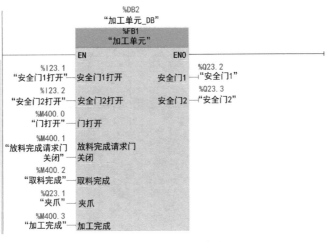

图 6-24 外部变量关联

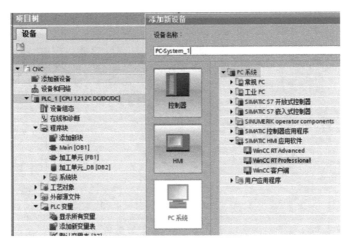

图 6-25 添加 "WinCC RT Professional"

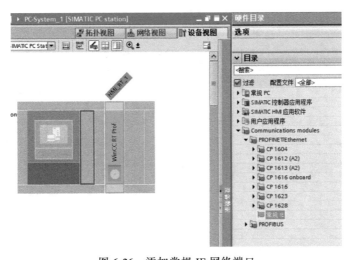

图 6-26 添加常规 IE 网络端口

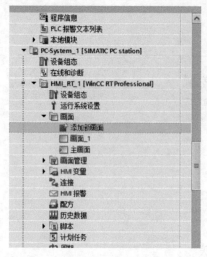

图 6-27　在"WinCC RT Professional"中
　　　　添加新画面

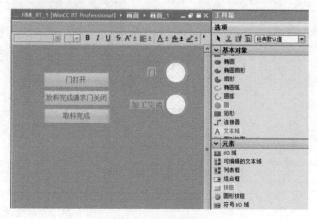

图 6-28　画面布局

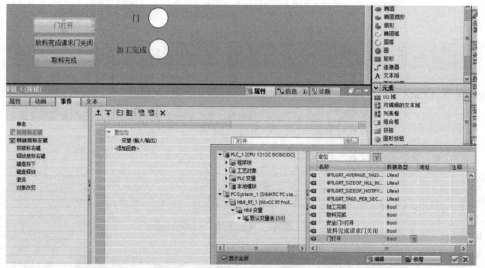

图 6-29　"门打开"按钮置位设置

图 6-30　"门打开"按钮复位设置

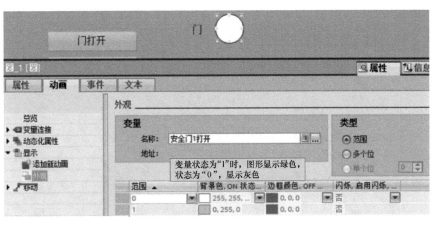

图 6-31 状态显示设置

8）用相同的方法设置完毕后，打开设备与网络时，系统自动完成连接，如图 6-32 所示。

9）WinCC 连接查看及相关信息如图 6-33 所示。

10）设置动态化总览。注意：进行 WinCC 仿真时，如果按下按钮很多次，但依旧没有明显的效果，不能说明通信未成功，有可能是因为没有设置动态化总览，如图 6-34 所示。

11）仿真运行 WinCC，如图 6-35 所示。

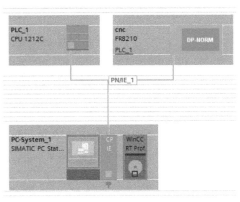

图 6-32 WinCC 自动连接到网络端

图 6-33 WinCC 连接及相关信息

图 6-34 动态化总览设置

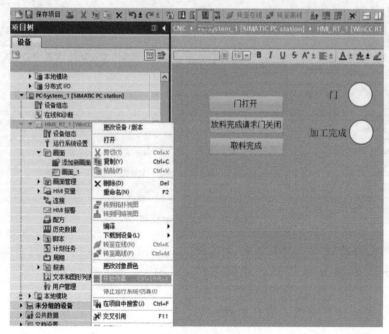

图 6-35　WinCC 系统仿真

12) 为了更直观地看到仿真效果，对按钮做了状态显示处理，如图 6-36 所示。

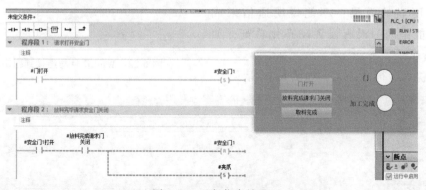

图 6-36　运行仿真效果

【知识拓展】

知识延伸：了解 OPC UA 协议，说明如何建立 CNC 系统变量与 WinCC 变量之间的关联，以实现在 WinCC 界面中显示 CNC 主轴转速、刀具坐标等信息。

任务 7　智能料库料仓控制实训

【任务描述】

本任务以总控单元和仓储单元（图 7-1）为硬件基础，通过总控单元 PLC 与仓储单元远程 I/O 模块之间的 PROFINET 通信，配合 WinCC 画面，实现 PLC 对仓储单元的控制。

任务流程：用网线连接总控单元与仓储单元，编写 PLC 程序，通过用户程序控制仓储单元有料仓位依次出料，并且通过 WinCC 画面实现交互。

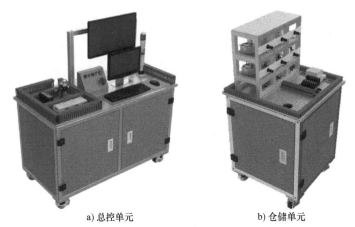

a) 总控单元   b) 仓储单元

图 7-1　总控单元和仓储单元

【知识储备】

1. 功能块及变量表

功能块及变量表的相关内容在任务 6 中已做说明，此处不再赘述。

2. 位逻辑运算指令

1）常开触点、线圈、复位输出及置位输出指令在任务 6 中已做说明，此处不再赘述。

2） ─/─ （常闭触点）。常闭触点的激活与否取决于相关操作数的信号状态。当操作数的信号状态为 "1" 时，常闭触点将打开，同时该指令输出的信号状态复位为 "0"。当操作数的信号状态为 "0" 时，不会启用常闭触点，同时将该输入的信号状态传输到输出。

两个或多个常闭触点串联时，将逐位进行 "与" 运算，此时，只有在所有触点都闭合后，才产生信号流。常闭触点并联时，将进行 "或" 运算，只要有一个触点闭合，就会产生信号流。

示例程序如图 7-2 所示，当满足以下条件之一时，将置位 "TagOut" 操作数：

1）操作数 "TagIn_1" 和 "TagIn_2" 的信号状态为 "1"。

2）操作数 "TagIn_3" 的信号状态为 "0"。

3. WinCC 画面操作基础

在 WinCC 中加载外部图片的步骤如下：

1）添加图形文件夹，如图 7-3 所示。

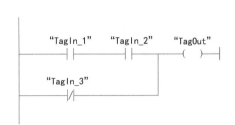

图 7-2　示例程序（常闭触点）

图 7-3　添加图形文件夹

2）添加图片所在的文件夹，如图 7-4 所示。

图 7-4　添加图片所在的文件夹

3）展开图形，找到并添加所需图片，如图 7-5 所示。

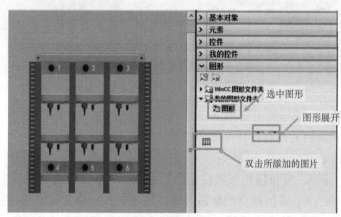

图 7-5　添加外部图片

【任务实施】

1. 系统组态

（1）软件预设组态　根据实现通信需要使用的硬件，在硬件目录中添加相应硬件，并建立网络连接，如图 7-6 所示。

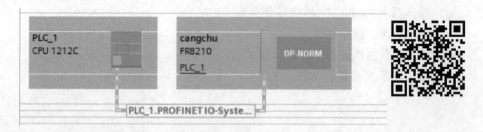

图 7-6　软件预设组态

在"网络视图"中，选中远程 I/O 模块，切换到"设备视图"，打开"设备概览"，从硬件目录中为远程 I/O 添加输入输出模块，并根据电气图添加远程 I/O 模块地址，如图 7-7 所示。

（2）系统实际组态　根据硬件电气参数及接线图，为硬件接通电源，并用网线连接 PLC、远程 I/O 设备、PC 与交换机。

2. PLC 程序解析

1）程序流程图如图 7-8 所示。

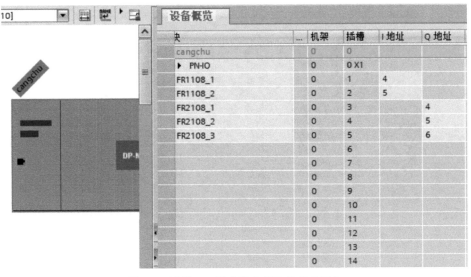

图 7-7 远程 I/O 输入输出模块及地址添加

2）添加 PLC 变量表。根据设备的电气图，在博途软件里建立 I/O 点位的 PLC 变量，如图 7-9 所示。

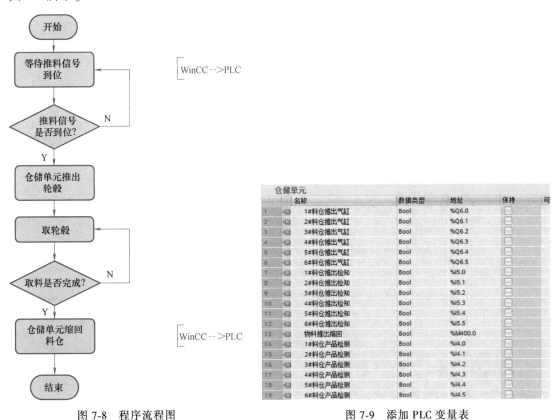

图 7-8 程序流程图

图 7-9 添加 PLC 变量表

3）添加 FB 块内部变量。根据 FB 块输入输出变量要求添加变量，如图 7-10 所示。

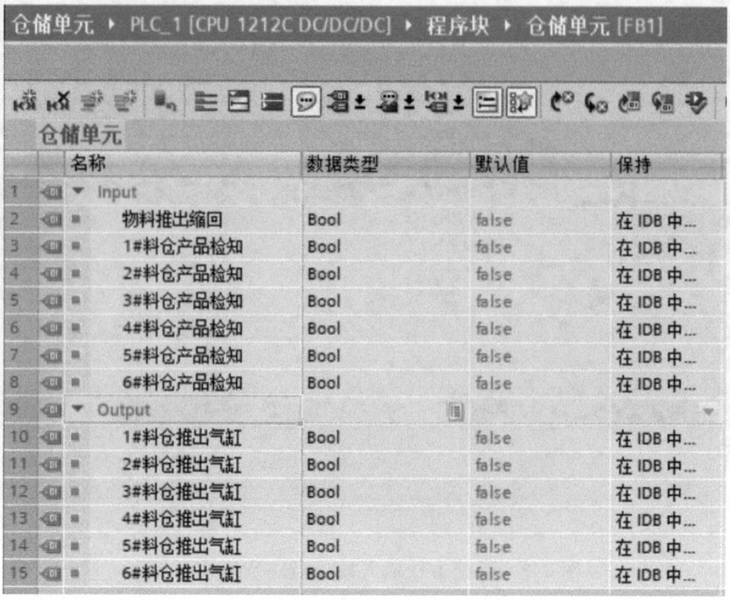

仓储单元 ▸ PLC_1 [CPU 1212C DC/DC/DC] ▸ 程序块 ▸ 仓储单元 [FB1]

仓储单元

	名称	数据类型	默认值	保持
1	▼ Input			
2	物料推出缩回	Bool	false	在 IDB 中...
3	1#料仓产品检知	Bool	false	在 IDB 中...
4	2#料仓产品检知	Bool	false	在 IDB 中...
5	3#料仓产品检知	Bool	false	在 IDB 中...
6	4#料仓产品检知	Bool	false	在 IDB 中...
7	5#料仓产品检知	Bool	false	在 IDB 中...
8	6#料仓产品检知	Bool	false	在 IDB 中...
9	▼ Output			
10	1#料仓推出气缸	Bool	false	在 IDB 中...
11	2#料仓推出气缸	Bool	false	在 IDB 中...
12	3#料仓推出气缸	Bool	false	在 IDB 中...
13	4#料仓推出气缸	Bool	false	在 IDB 中...
14	5#料仓推出气缸	Bool	false	在 IDB 中...
15	6#料仓推出气缸	Bool	false	在 IDB 中...

图 7-10　FB 块内部变量

4）收到机器人推料信号，有料气缸按顺序推出物料，如图 7-11 所示。

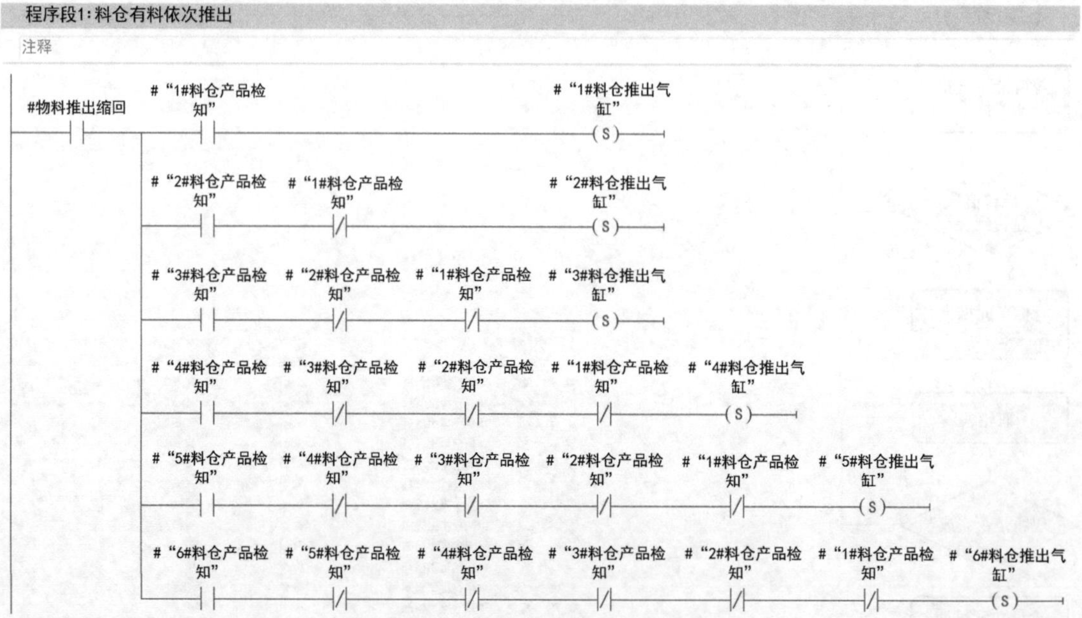

图 7-11　有料气缸依次推出物料

5）气缸状态复位，如图 7-12 所示。

6）PLC 变量关联到 FB 块，如图 7-13 所示。

3. WinCC 画面操作

1）添加新画面。选中所添加的新画面，并添加两个按钮，完成图 7-14 所示的画面布局。

图 7-12 机器人取走物料气缸复位

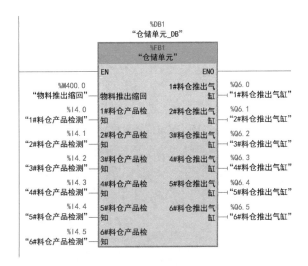

图 7-13 PLC 变量关联到 FB 块

2）在任务 6 中，用一个按钮完成了数字量信号的置位和复位，这类似于一个脉冲信号：按下鼠标信号置位，松开鼠标信号复位。而本任务则需要信号保持，这需要两个按钮来保持数字量信号的置位和复位状态，如图 7-15 所示。

3）"气缸推出"按钮设置为信号置位位，则"气缸缩回"按钮设置为信号复位位，如图 7-16 所示。

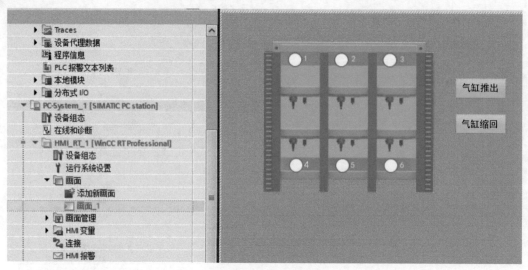

图 7-14　新画面布局

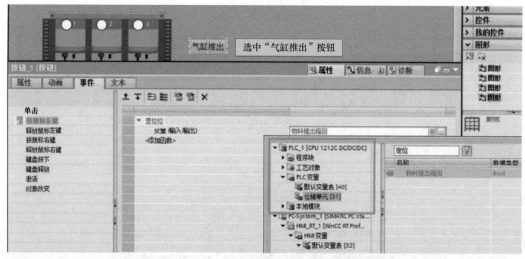

图 7-15　按钮信号置位设置

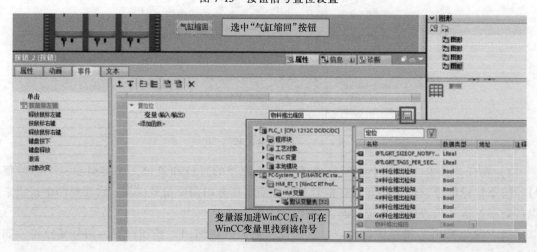

图 7-16　按钮信号复位设置

4）要用 WinCC 监控气缸推出状态，只需将状态显示信号关联到气缸到位信号，如图 7-17 所示。

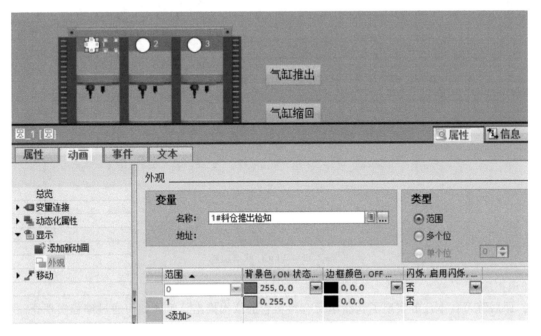

图 7-17　气缸推出到位状态显示设置

5）设置完毕后，运行 WinCC 仿真及 PLC 状态显示，未按下"气缸推出"按钮时的状态如图 7-18 所示。

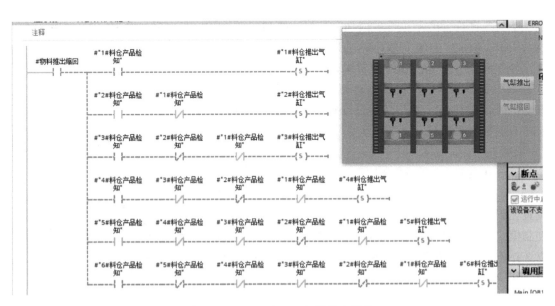

图 7-18　WinCC 及 PLC 初始状态效果

6）按下"气缸推出"按钮，WinCC 及 PLC 的状态效果如图 7-19 所示。

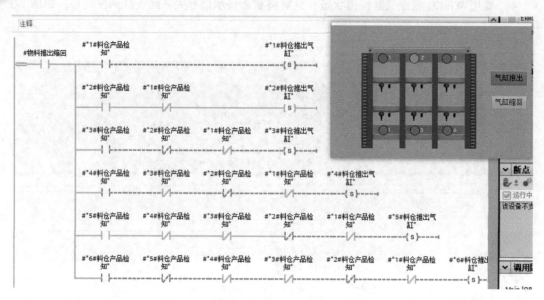

图 7-19　WinCC 状态监控

【知识拓展】

课后练习：本任务实现了仓储单元有料料仓的依次推出，思考如何通过编程实现仓储单元有料料仓的随机推出。

任务 8　机器人导轨控制实训

【任务描述】

本任务以执行单元（图 8-1）的西门子 S7-1200 系列 PLC、三菱 MR-JE-40A 伺服驱动器及三菱 HG-KN43J-S100 伺服电动机为硬件基础，通过 PLC 控制伺服电动机运行。

任务流程：在博图软件中对电动机进行组态，并通过 PLC 编程，实现用户程序对电动机的运行控制，包括电动机的正反转、回原点以及记录点位等功能，并通过 WinCC 画面实现交互。

【知识储备】

1. 三菱伺服驱动器及伺服电动机简介

（1）伺服驱动器　三菱 MELSERVO-JE 系列伺服具有位置控制、速度控制和转矩控制三种控制模式。在位置控制模式下，最高支持 4Mpulses/s 的高速脉冲串。还可以选择位置/速度切换控制、速度/转矩切换控制和转矩/位置切换控制。因此，该伺服不但可以用于机床和普通工业机械的高精度定位和平滑的速度控制，还可以用于线控制和张力控制等，应用范围十分广泛。

图 8-1　执行单元

同时，该伺服还支持单键调整和即时自动调整功能，能够根据机器状态对伺服增益进行简单的自动调整。通过 ToughDrive 功能、驱动记录器功能和预防性保护支持功能，对机器的维护与检查提供强有力的支持。

MELSERVO-JE 系列的伺服电动机采用拥有 131072pulses/rev 分辨率的增量式编码器，能够实现高精度定位。

（2）伺服铭牌说明

1）额定铭牌示例。图 8-2 所示为 MR-JE-10A 伺服铭牌。

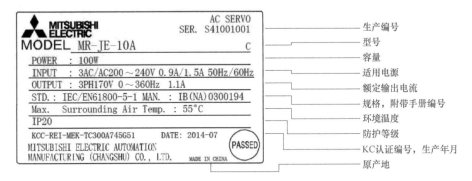

图 8-2 MR-JE-10A 伺服铭牌

2）伺服型号示例。图 8-3 所示为 MR-JE-10A 型号说明。

（3）伺服放大器与伺服电动机的组合（图 8-4）

记号	额定输出/kW
10	0.1
20	0.2
40	0.4
70	0.75
100	1
200	2
300	3

图 8-3 MR-JE-10A 型号说明

伺服放大器	伺服电动机
MR-JE-10A	HG-KN13J-S100
MR-JE-20A	HG-KN23J-S100
MR-JE-40A	HG-KN43J-S100
MR-JE-70A	HG-KN73J-S100
	HG-SN52J-S100
MR-JE-100A	HG-SN102J-S100
MR-JE-200A	HG-SN152J-S100
	HG-SN202J-S100
MR-JE-300A	HG-SN302J-S100

图 8-4 伺服放大器与伺服电动机的组合

（4）伺服电动机型号说明（图 8-5）

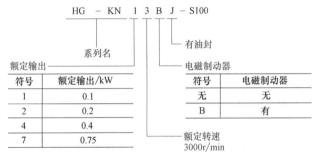

符号	额定输出/kW
1	0.1
2	0.2
4	0.4
7	0.75

符号	电磁制动器
无	无
B	有

图 8-5 HG-KN 系列伺服电动机型号说明

2. 变量表及功能块的建立

变量表及功能块的建立在任务 6 中已做说明，此处不再赘述。

3. 位逻辑运算指令

（1）常开触点、常闭触点、线圈、复位输出及置位输出指令 这些指令在任务 6 中已做说明，此处不再赘述。

（2）扫描操作数的信号上升沿 使用"扫描操作数的信号上升沿"指令，可以确定所指定操作数（<操作数1>）的信号状态是否从"0"变为"1"。该指令将比较<操作数 1>的当前信号状态与上一次扫描的信号状态，上一次扫描的信号状态保存在边沿存储位（<操作数2>）中。如果该指令检测到逻辑运算结果（RLO）从"0"变为"1"，则说明出现了一个上升沿。

图 8-6 所示为出现信号下降沿和上升沿时，信号状态的变化。

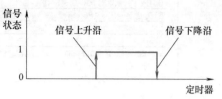

图 8-6　上升沿与下降沿信号状态变化

每次执行指令时，系统都会查询信号上升沿。检测到信号上升沿时，<操作数 1>的信号状态将在一个程序周期内保持置位为"1"。在其他任何情况下，操作数的信号状态均为"0"。

在该指令上方的操作数占位符中，指定要查询的操作数（<操作数1>）；在该指令下方的操作数占位符中，指定边沿存储位（<操作数2>）。

扫描操作数的信号上升沿程序示例如图 8-7 所示。当满足下列条件时，将置位操作数"TagOut"：

1）操作数"TagIn_1""TagIn_2"和"TagIn_3"的信号状态为"1"。

2）操作数"TagIn_4"出现信号上升沿。上一次扫描的信号状态存储在边沿存储位"Tag_M"中。

3）操作数"TagIn_5"的信号状态为"1"。

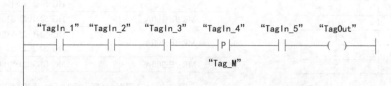

图 8-7　扫描操作数的信号上升沿示例程序

4. 比较操作指令

比较操作指令在任务 4 中已做说明，此处不再赘述。

5. 移动指令

移动指令在任务 4 中已做说明，此处不再赘述。

6. 工艺对象-定位轴

在 TIA Portal 中，利用定位轴工艺对象结合 S7-1200 CPU 的运动控制功能来控制步进电动机和伺服电动机：

1）在 TIA Portal 中对定位轴和命令表工艺对象进行组态，S7-1200 CPU 使用这些工艺对象来控制驱动器的输出。

2）在用户程序中，可以通过运动控制指令来控制轴，也可以启动驱动器的运动命令。

7. 运动控制语句

（1）MC_Power 启用、禁用轴，如图 8-8 及表 8-1 所示。

图 8-8　MC_Power 控制语句

表 8-1　MC_Power 参数

参数	参数类型	数据类型	默认值	说明	
Axis	INPUT	TO_Axis	—	轴工艺对象	
Enable	INPUT	BOOL	FALSE	TRUE	轴已启用
				FALSE	停止并禁用轴
StopMode	INPUT	INT	0	0	紧急停止
				1	立即停止
				2	带有加速度变化率控制的紧急停止
Status	OUTPUT	BOOL	FALSE	轴的使能状态	
				FALSE	禁用轴
				TRUE	轴已启用
Busy	OUTPUT	BOOL	FALSE	TRUE	"MC_Power"处于活动状态
Error	OUTPUT	BOOL	FALSE	TRUE	运动控制指令"MC_Power"或相关工艺对象发生错误
ErrorID	OUTPUT	WORD	16#0000	参数"Error"的错误 ID	
ErrorInfo	OUTPUT	WORD	16#0000	参数"ErrorID"的错误信息 ID	

（2）MC_Reset 确认故障，重新启动工艺对象，如图 8-9 及表 8-2 所示。

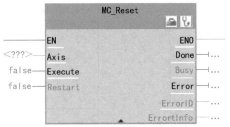

图 8-9　MC_Reset 控制语句

表 8-2   MC_Reset 参数

参数	参数类型	数据类型	默认值	说明	
Axis	INPUT	TO_Axis	—	轴工艺对象	
Execute	INPUT	BOOL	FALSE	上升沿时启动命令	
Restart	INPUT	BOOL	FALSE	TRUE	将轴组态从装载存储器下载到工作存储器
				FALSE	确认错误
Done	OUTPUT	BOOL	FALSE	TRUE	错误已确认
Busy	OUTPUT	BOOL	FALSE	TRUE	命令正在执行
Error	OUTPUT	BOOL	FALSE	TRUE	执行命令期间出错
ErrorID	OUTPUT	WORD	16#0000	参数 "Error" 的错误 ID	
ErrorInfo	OUTPUT	WORD	16#0000	参数 "ErrorID" 的错误信息 ID	

（3）MC_Home   归位轴，如图 8-10 及表 8-3 所示。

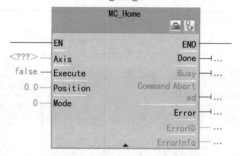

图 8-10   MC_Home 控制语句

表 8-3   MC_Home 参数

参数	参数类型	数据类型	默认值	说明	
Axis	INPUT	TO_Axis	—	轴工艺对象	
Execute	INPUT	BOOL	FALSE	上升沿时启动命令	
Position	INPUT	REAL	0.0	Mode=0、2 和 3 时，完成回原点操作后，轴的绝对位置 Mode=1 时，对当前轴位置的修正值 限值：$-1.0 \times 10^{12} \leqslant Position \leqslant 1.0 \times 10^{12}$	
Mode	INPUT	INT	0	回原点模式	
				0	绝对式直接归位：新的轴位置为参数 "Position" 位置的值
				1	相对式直接归位：新的轴位置等于当前轴位置+参数 "Position" 位置的值
				2	被动回原点：根据轴组态回原点。回原点后，参数 "Position" 的值被设置为新的轴位置
				3	主动回原点：按照轴组态进行参考点逼近。回原点后，参数 "Position" 的值被设置为新的轴位置
				6	绝对编码器调节（增量）：将当前轴位置的偏移值设置为参数 "Position" 的值

（续）

参数	参数类型	数据类型	默认值		说明
Mode	INPUT	INT	0	7	绝对编码器调节（绝对）：将当前的轴位置设置为参数"Position"的值
Done	OUTPUT	BOOL	FALSE	TRUE	命令已完成
Busy	OUTPUT	BOOL	FALSE	TRUE	命令正在执行
Command Aborted	OUTPUT	BOOL	FALSE	TRUE	命令在执行过程中被另一命令中止
Error	OUTPUT	BOOL	FALSE	TRUE	执行命令期间出错
ErrorID	OUTPUT	WORD	16#0000		参数"Error"的错误 ID
ErrorInfo	OUTPUT	WORD	16#0000		参数"ErrorID"的错误信息 ID

（4）MC_Halt 停止轴，如图 8-11 及表 8-4 所示。

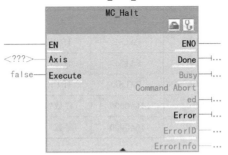

图 8-11 MC_Halt 控制语句

表 8-4 MC_Halt 参数

参数	参数类型	数据类型	默认值		说明
Axis	INPUT	TO_SpeedAxis	—		轴工艺对象
Execute	INPUT	BOOL	FALSE		上升沿时启动命令
Done	OUTPUT	BOOL	FALSE	TRUE	速度达到零
Busy	OUTPUT	BOOL	FALSE	TRUE	命令正在执行
Command Aborted	OUTPUT	BOOL	FALSE	TRUE	命令在执行过程中被另一命令中止
Error	OUTPUT	BOOL	FALSE	TRUE	执行命令期间出错
ErrorID	OUTPUT	WORD	16#0000		参数"Error"的错误 ID
ErrorInfo	OUTPUT	WORD	16#0000		参数"ErrorID"的错误信息 ID

（5）MC_MoveJog 在点动模式下移动轴，如图 8-12 及表 8-5 所示。

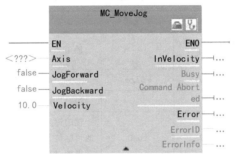

图 8-12 MC_MoveJog 控制语句

表 8-5　MC_MoveJog 参数

参数	参数类型	数据类型	默认值	说明	
Axis	INPUT	TO_SpeedAxis	—	轴工艺对象	
JogForward	INPUT	BOOL	FALSE	如果参数值为 TRUE，则轴都将按参数"Velocity"中指定的速度正向移动	
JogBackward	INPUT	BOOL	FALSE	如果参数值为 TRUE，则轴都将按参数"Velocity"中指定的速度反向移动。如果 JogForward 和 JogBackward 同时为 TRUE，则轴将根据所组态的减速度减速直至停止，并通过参数"Error""ErrorID"和"ErrorInfo"指出错误	
Velocity	INPUT	REAL	10.0	点动模式的预设速度限值：启动/停止速度≤速度≤最大速度	
InVelocity	OUTPUT	BOOL	FALSE	TRUE	达到参数"Velocity"中指定的速度
Busy	OUTPUT	BOOL	FALSE	TRUE	命令正在执行
Command Aborted	OUTPUT	BOOL	FALSE	TRUE	命令在执行过程中被另一命令中止
Error	OUTPUT	BOOL	FALSE	TRUE	执行命令期间出错
ErrorID	OUTPUT	WORD	16#0000	参数"Error"的错误 ID	
ErrorInfo	OUTPUT	WORD	16#0000	参数"ErrorID"的错误信息 ID	

（6）MC_MoveAbsolute　轴的绝对定位，如图 8-13 及表 8-6 所示。

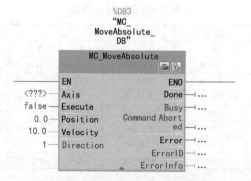

图 8-13　MC_MoveAbsolute 控制语句

表 8-6　MC_MoveAbsolute 参数

参数	参数类型	数据类型	默认值	说明
Axis	INPUT	TO_Positioning Axis	—	轴工艺对象
Execute	INPUT	BOOL	FALSE	上升沿时启动命令
Position	INPUT	REAL	0.0	绝对目标位置：限值为 $-1.0×10^{12}$≤Position≤$1.0×10^{12}$
Velocity	INPUT	REAL	10.0	轴的速度：由于所组态的加速度、减速度以及待接近的目标位置等原因，不会始终保持这一速度 限值：启动/停止速度≤Velocity≤最大速度

（续）

参数	参数类型	数据类型	默认值	说明	
Direction	INPUT	INT	1	轴的运动方向:仅在"模数"已启用的情况下才评估。工艺对象>组态>扩展参数>模数>启用模数（Technologyobject>Configuration>Extendedparameters>Modulo>EnableModulo） 对于 PTO 轴,忽略该参数	
				0	速度状态（"Velocity"参数）确定运动方向
				1	正方向（从正方向逼近目标位置）
				2	负方向（从负方向逼近目标位置）
				3	最短距离（工艺将选择从当前位置开始,到目标位置的最短距离）
Done	OUTPUT	BOOL	FALSE	TRUE	达到绝对目标位置
Busy	OUTPUT	BOOL	FALSE	TRUE	命令正在执行
CommandAborted	OUTPUT	BOOL	FALSE	TRUE	命令在执行过程中被另一命令中止
Error	OUTPUT	BOOL	FALSE	TRUE	执行命令期间出错
ErrorID	OUTPUT	WORD	16#0000	参数"Error"的错误 ID	
ErrorInfo	OUTPUT	WORD	16#0000	参数"ErrorID"的错误信息 ID	

8. WinCC 画面操作基础

WinCC 画面操作基础在任务 7 中已做说明，此处不再赘述。

【任务实施】

1. 硬件连接

按照电气图，完成硬件连接，如图 8-14 所示。

图 8-14 硬件连接

2. 使用 S7-1200 CPU 实现运动控制的基本步骤

（1）创建一个含有 S7-1200 CPU 的项目 根据设备要求，添加 "CPU 1212C DC/DC/DC"，如图 8-15 所示。

（2）添加一个定位轴工艺对象 在项目树中 PLC 的工艺对象下添加一个 "定位轴" 工艺对象，如图 8-16 所示。

（3）使用组态对话框 在定位轴的组态界面中配置相关参数。组态分为基本参数和扩展参数两类：基本参数包括必须为工作轴组态的所有参数，扩展参数是指适合特定驱动器或设备的参数。

1）基本参数-常规。在 "常规" 组态画面中，组态定位轴工艺对象的基本属性，包括

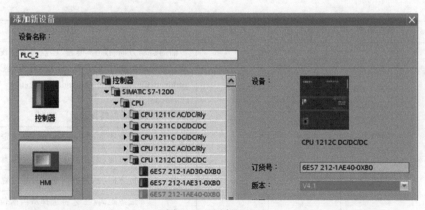

图 8-15　添加 CPU

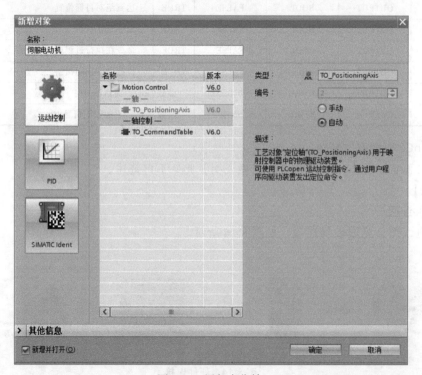

图 8-16　添加定位轴

"轴名称""驱动器"及"测量单位",如图 8-17 所示。

2)基本参数-驱动器。在"驱动器"组态画面中,组态脉冲发生器和驱动器的使能与反馈,如图 8-18 所示。

选择相应的脉冲发生器,信号类型选择"PTO(脉冲 A 和方向 B)",并关联"脉冲输出"与"方向输出"的信号以及"驱动装置的使能和反馈"信号。

3)扩展参数-机械。在"机械"组态画面中组态驱动器的机械属性,如图 8-19 所示。

查阅相关资料,主要设备参数如下:

① CPU 1212 DC/DC/DC 脉冲输出 Q0.0 ~ Q0.3 的最大脉冲输出为 1MHz,即 1s 内发出的脉冲数最大为 100 万个。

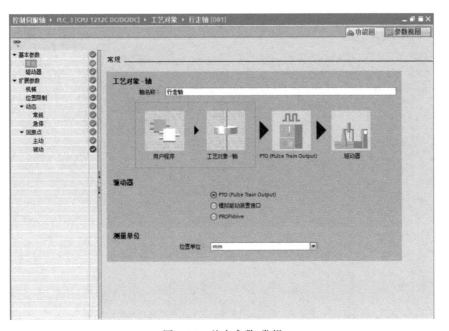

图 8-17　基本参数-常规

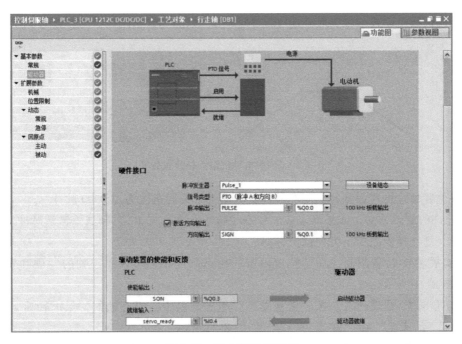

图 8-18　基本参数-驱动器

② MR-JE-10A 的编码器分辨率为 131072pulses/r。将电动机每转的脉冲数设置为 1310 个，在不考虑轴承比的前提下，伺服电动机的最大转速为

$$v_{\max} = \frac{100000 \text{ 脉冲/s} \times 10 \text{mm/r}}{1310 \text{ 脉冲/mm}} = 763.36 \text{mm/s}$$

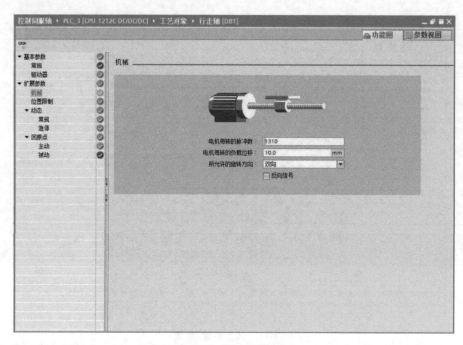

图 8-19　扩展参数-机械

即此时伺服电动机的最大转速为 763.36mm/s，如图 8-20 所示。

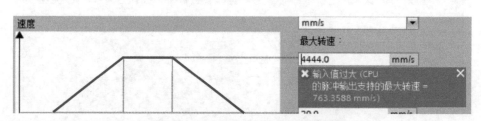

图 8-20　伺服电动机最大转速设置[⊖]

如果位置单位设置为脉冲，则此时伺服电动机的最大速度为 100000 脉冲/s。

③ 允许的旋转方向。如果尚未在"PTO（脉冲 A 和方向 B）"模式下激活脉冲发生器的方向输出，则选择受限于正方向或负方向。

4）扩展参数-位置限制。在"位置限制"组态画面中，可以组态轴的"硬和软限位开关"，如图 8-21 所示。

5）扩展参数-常规动态。在"常规动态"组态画面中，组态轴的"最大转速""启动/停止速度""加速度"和"减速度"等，如图 8-22 所示。

6）扩展参数-动态急停。在"动态急停"组态画面中，可以组态轴的急停减速度，如图 8-23 所示。出现错误或者禁用轴时，通过运动控制指令"MC_Power"（输入参数 Stop-Mode=0 或 2）使用该减速度将轴制动至停止状态。

7）扩展参数-主动回原点。在"主动回原点"组态画面中，组态主动回原点所需的参数，如

　　⊖　软件中的转速有多种单位，这里选择 mm/s。

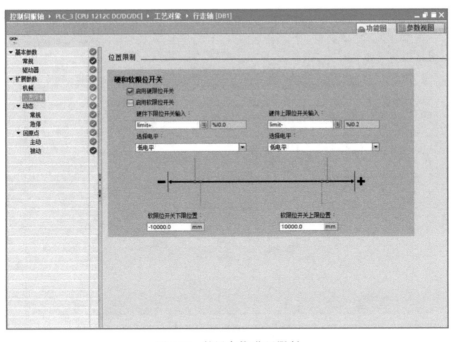

图 8-21　扩展参数-位置限制

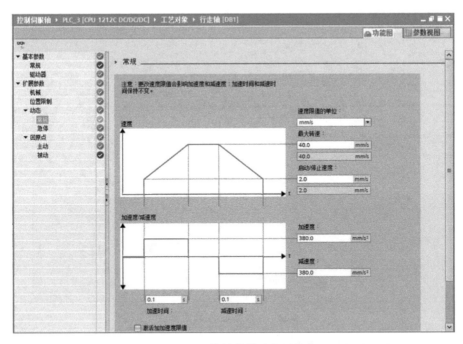

图 8-22　扩展参数-常规动态

图 8-24 所示。当运动控制指令 "MC_Home" 的输入参数 "Mode"=3 时，会启动主动回原点。

　　① 原点开关的高低电平有效。在智能制造单元中，上下限位和原点开关的高低电平有效是相反的，原点开关是高电平有效，上下限位则是低电平有效。这是根据接线来判断的。

　　② 根据原点开关位置判断 "逼近/回原点方向"。因为智能制造单元的原点开关与上下

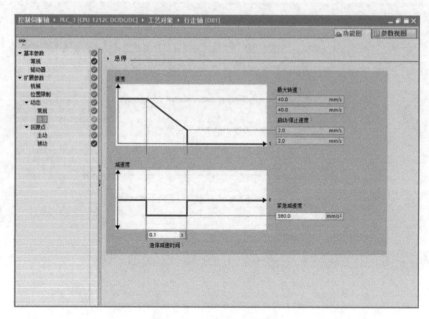

图 8-23　扩展参数-动态急停

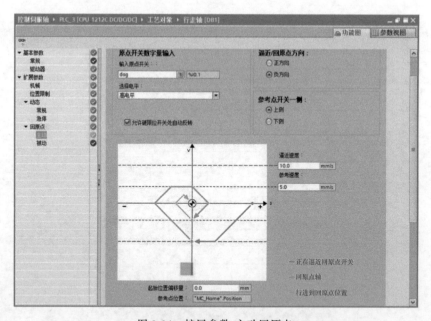

图 8-24　扩展参数-主动回原点

限位开关靠近，所以绝大部分位置相对于原点而言处于正方向。由于在绝大部分情况下是从正方向往负方向逼近原点的，因此"逼近/回原点方向"为负方向。

③"允许硬限位开关处自动反转"复选框。伺服电动机回原点过程中，触碰到原点开关时，减速到停止，反转寻找原点。

8）扩展参数-被动回原点。在"被动回原点"组态画面中，可以组态被动回原点所需的参数，如图 8-25 所示。

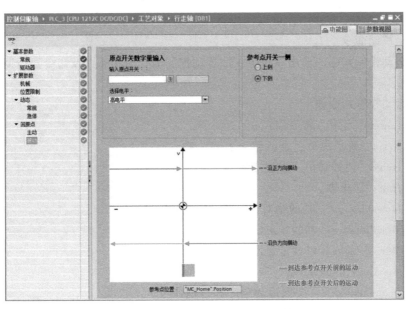

图 8-25 扩展参数-被动回原点

被动回原点的移动必须由用户触发（如使用轴运动命令）。当运动控制指令"MC_Home"的输入参数"Mode"=2 时，会启动被动回原点。

（4）下载至 CPU 运动控制工艺对象的数据保存在数据块中，因此，加载新的或修改的工艺对象时，需要重新将组态下载至 CPU。

（5）在调试画面中对轴执行功能测试 在调试画面中，单击左上角的"监视"按钮，可以转至在线状态；单击"激活"按钮，然后单击"轴"后的"启用"按钮，可以实现对电动机的相关控制，如图 8-26 所示。

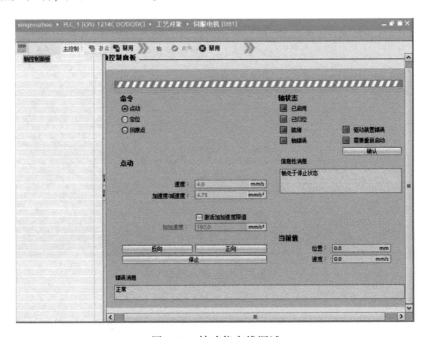

图 8-26 轴功能在线调试

（6）编程 在用户程序中，可以使用运动控制指令来控制轴。这些指令会启动执行所需功能的运动控制命令。

可以从运动控制指令的输出参数中获取运动控制命令的状态以及命令执行期间发生的任何错误。

适用的运动控制指令如下：

1）MC_Power：启用、禁用轴。

2）MC_Reset：确认故障，重新启动工艺对象。

3）MC_Home：使轴归位，设置参考点。

4）MC_Halt：停止轴。

5）MC_MoveAbsolute：轴的绝对定位。

6）MC_MoveRelative：轴的相对定位。

7）MC_MoveVelocity：以设定速度移动轴。

8）MC_MoveJog：在点动模式下移动轴。

9）MC_CommandTable：按照运动顺序运行轴命令。

10）MC_ChangeDynamic：更改轴的动态设置。

11）MC_ReadParam：连续读取定位轴的运动数据。

12）MC_WriteParam：写入定位轴的变量。

（7）对轴控制进行在线诊断 使用"诊断"功能，可以监视轴的"状态和错误位"以及运动状态，并且可以对轴进行动态设置，如图 8-27 所示。

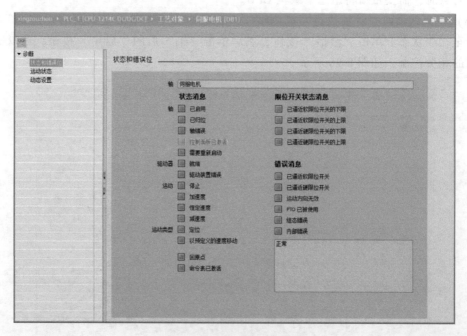

图 8-27 轴控制在线诊断

3. PLC 程序解析

1）建立 PLC 变量表。在博途软件里建立 I/O 点位的 PLC 变量，如图 8-28 所示。

控制伺服轴 ▸ PLC_3 [CPU 1212C DC/DC/DC] ▸ PLC 变量 ▸ 默认变量表 [73]

默认变量表

	名称	数据类型	地址	保持
1	PULSE	Bool	%Q0.0	☐
2	SIGN	Bool	%Q0.1	☐
3	RES	Bool	%Q0.2	☐
4	SON	Bool	%Q0.3	☐
5	limit+	Bool	%I0.0	☐
6	dog	Bool	%I0.1	☐
7	limit-	Bool	%I0.2	☐
8	servo_inp	Bool	%I0.3	☐
9	servo_ready	Bool	%I0.4	☐
10	servo_ALM	Bool	%I0.5	☐
11	复位	Bool	%M300.0	☐
12	回原点	Bool	%M300.1	☐
13	暂停	Bool	%M300.2	☐
14	手自动	Bool	%M300.3	☐
15	正转	Bool	%M300.4	☐
16	反转	Bool	%M300.5	☐
17	伺服回原点完成	Bool	%M300.6	☐
18	伺服电机当前距离	Real	%MD350	☐
19	伺服电机当前速度	Real	%MD354	☐
20	手动去位置1	Bool	%M300.7	☐
21	自动去位置1	Bool	%M301.0	☐
22	手动记录位置1	Bool	%M301.1	☐
23	到达位置1	Bool	%M301.2	☐
24	position_1	Real	%MD358	☐

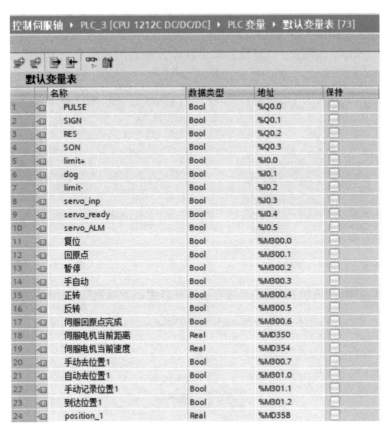

图 8-28 建立 PLC 变量表

2）添加 FB 块内部变量。根据 FB 块输入输出变量要求，添加变量，如图 8-29 所示。

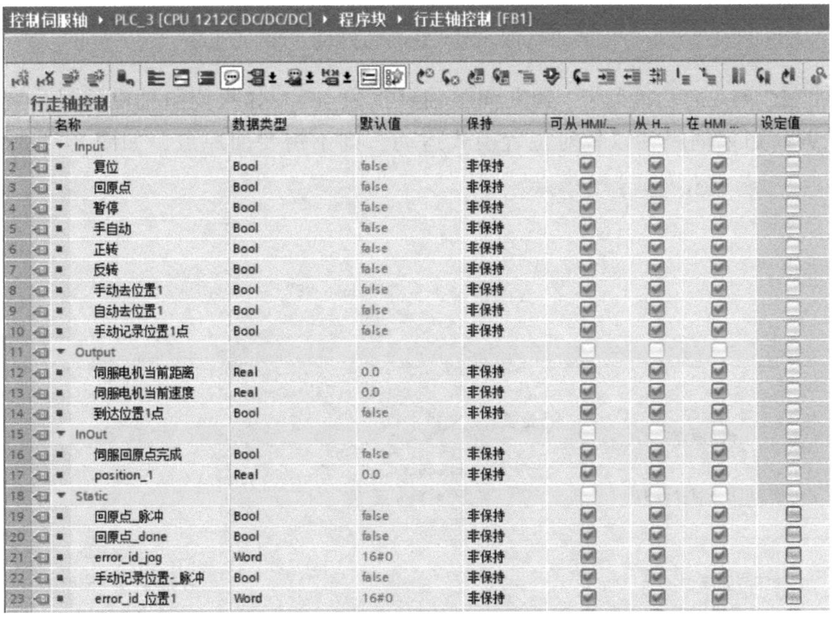

控制伺服轴 ▸ PLC_3 [CPU 1212C DC/DC/DC] ▸ 程序块 ▸ 行走轴控制 [FB1]

行走轴控制

	名称	数据类型	默认值	保持	可从 HMI/...	从 H...	在 HMI ...	设定值
1	▼ Input				☐	☐	☐	☐
2	复位	Bool	false	非保持	☑	☑	☑	☐
3	回原点	Bool	false	非保持	☑	☑	☑	☐
4	暂停	Bool	false	非保持	☑	☑	☑	☐
5	手自动	Bool	false	非保持	☑	☑	☑	☐
6	正转	Bool	false	非保持	☑	☑	☑	☐
7	反转	Bool	false	非保持	☑	☑	☑	☐
8	手动去位置1	Bool	false	非保持	☑	☑	☑	☐
9	自动去位置1	Bool	false	非保持	☑	☑	☑	☐
10	手动记录位置1点	Bool	false	非保持	☑	☑	☑	☐
11	▼ Output				☐	☐	☐	☐
12	伺服电机当前距离	Real	0.0	非保持	☑	☑	☑	☐
13	伺服电机当前速度	Real	0.0	非保持	☑	☑	☑	☐
14	到达位置1点	Bool	false	非保持	☑	☑	☑	☐
15	▼ InOut				☐	☐	☐	☐
16	伺服回原点完成	Bool	false	非保持	☑	☑	☑	☐
17	position_1	Real	0.0	非保持	☑	☑	☑	☐
18	▼ Static				☐	☐	☐	☐
19	回原点_脉冲	Bool	false	非保持	☑	☑	☑	☐
20	回原点_done	Bool	false	非保持	☑	☑	☑	☐
21	error_id_jog	Word	16#0	非保持	☑	☑	☑	☐
22	手动记录位置-_脉冲	Bool	false	非保持	☑	☑	☑	☐
23	error_id_位置1	Word	16#0	非保持	☑	☑	☑	☐

图 8-29 添加 FB 块内部变量

3）添加 MC_Power 功能块："伺服电动机上电，可启用或禁用轴"（启动轴必要条件），如图 8-30 所示。

4）添加 MC_Reset 功能块："复位，确定故障，重启工艺对象"，如图 8-31 所示。

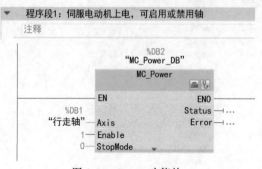

图 8-30　Power 功能块

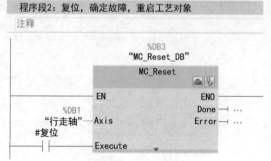

图 8-31　Reset 功能块

5）添加 MC_Halt 功能块："可停止所有运动并以组态的减速度停止轴"，如图 8-32 所示。

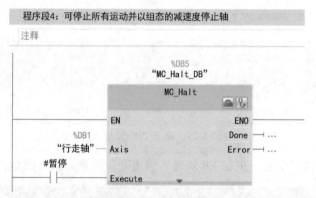

图 8-32　Halt 功能块

6）添加 MC_Home 功能块："触发伺服轴寻找原点"。如果伺服轴以绝对位置模式运动，则必须回原点；如果伺服轴以相对位置模式运动，则不需要回原点，如图 8-33 所示。

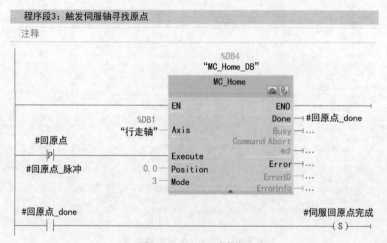

图 8-33　Home 功能块

7）添加 MC_MoveJog 功能块："点动模式，正转反转触发多久伺服就运动多久"，如图 8-34 所示。

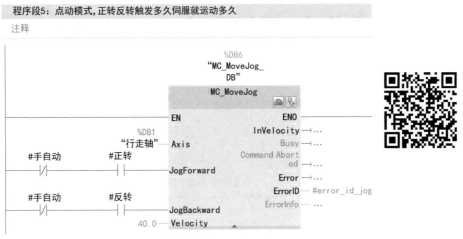

图 8-34　MoveJog 功能块

8）读取伺服电动机的当前位置和速度，如图 8-35 所示。

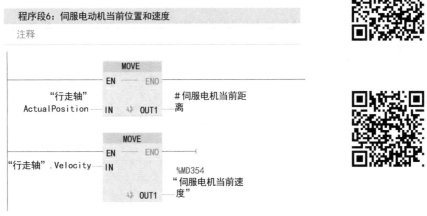

图 8-35　读取伺服电动机当前位置和速度

9）在点动模式下，可手动运行伺服电动机到某个位置，记录该位置为位置 1，如图 8-36 所示。

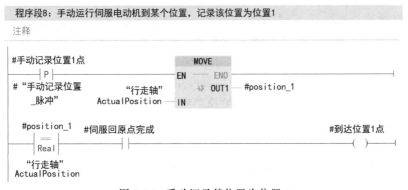

图 8-36　手动记录某位置为位置 1

10）将记录的位置 1 地址添加到以绝对方式定位的轴模块里，手动、自动触发伺服走绝对位置运动模式，如图 8-37 所示。

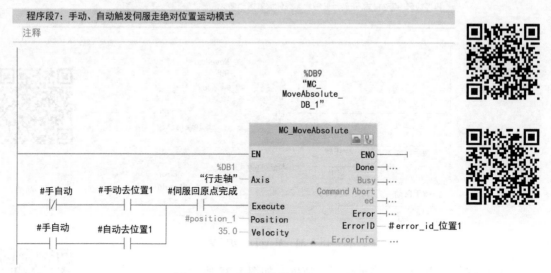

图 8-37　绝对位置定位轴

11）绝对位置运动是相对于伺服轴外部原点运动的，当伺服轴的原点丢失时，故障代码为 16#8204，如图 8-38 所示。

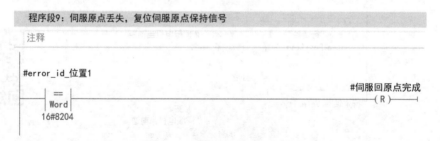

图 8-38　伺服轴原点丢失处理

12）将 PLC 变量关联到 FB 块，如图 8-39 所示。

4. 根据硬件、软件初步判断伺服电动机是否可以起动

1）CPU 硬件上的 S1. ALM、S1. RD 和 S1. INP 信号有输入反馈；S1. SON 使能信号有输出，如图 8-40 所示。

2）伺服控制器无故障显示，如图 8-41 所示。如果显示 ALM6.1，则应检查 EM2 是否有高电平输入。

3）各功能块无 ERROR 报警。由硬件组态可知，脉冲输出口为 Q0.0，方向为 Q0.1。可从 CPU 本体上看出。Q0.0 应有输出，以给控制器发送脉冲；由 Q0.1 是否有输出来控制伺服的正反转。伺服电动机运行时 CPU 的状态如图 8-42 所示。

5. WinCC 画面操作

WinCC 交互画面可以实现对电动机的控制以及对电动机状态的读取功能，如图 8-43 所示。

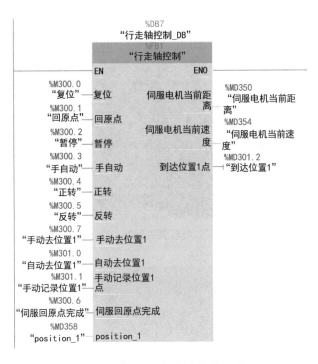

图 8-39 将 PLC 变量关联到 FB 块

图 8-40 CPU 信号的输入输出

图 8-41 伺服控制器无故障显示

1）WinCC 画面上过程值的添加设置如图 8-44 所示。注意：在"格式样式"前加"S"，可以显示为有符号的数值。

2）伺服轴移动范围设置如图 8-45 所示。

3）WinCC 仿真效果监控如图 8-46 所示。

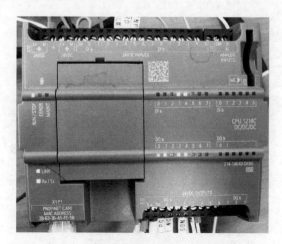

图 8-42　伺服电动机运行时 CPU 的状态

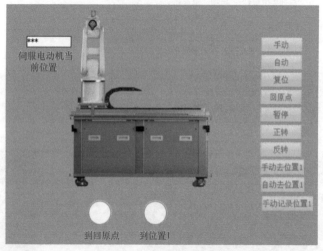

图 8-43　WinCC 交互画面

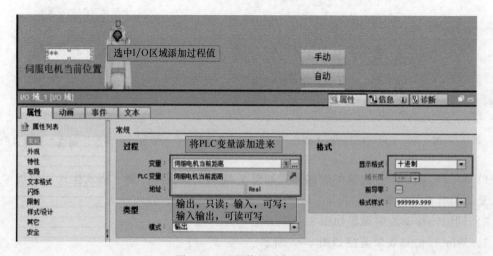

图 8-44　过程值的添加设置

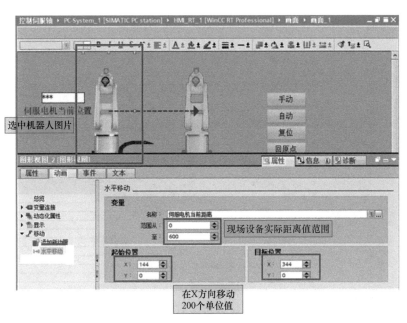

图 8-45　伺服轴移动范围设置

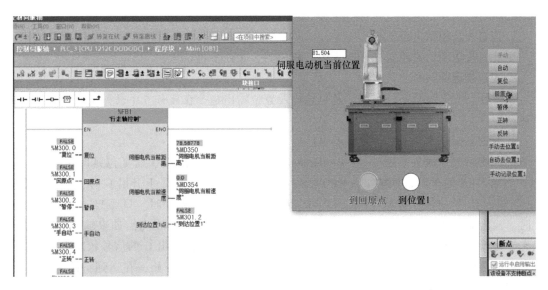

图 8-46　WinCC仿真效果监控

【知识拓展】

　　课后练习：本任务通过在 PLC 中记录伺服位置，然后将机器人指定到相应伺服位置来控制机器人导轨运动。尝试通过机器人的组信号控制伺服导轨的位置。

任务**9**　分拣单元控制实训

【任务描述】

　　本任务以总控单元和分拣单元（图9-1）为硬件基础，通过总控单元 PLC 与分拣单元远程 I/O 模块之间的 PROFINET 通信，实现对分拣单元的控制。

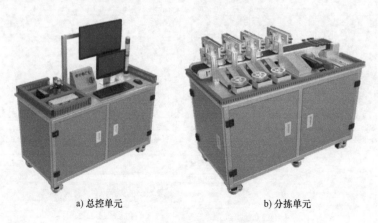

a) 总控单元   b) 分拣单元

图 9-1　总控单元及分拣单元

任务流程：用网线连接总控单元与分拣单元，通过编写 PLC 程序，实现用户程序对带启停、推料气缸和挡料气缸等的控制，最终将产品分拣到指定库位，并通过 WinCC 画面实现交互。

【知识储备】

1. 变量表及功能块的建立

变量表及功能块的建立在任务 6 中已做说明，此处不再赘述。

2. 位逻辑运算指令

常开触点、常闭触点、线圈、复位输出及置位输出指令在任务 6 中已做说明，此处不再赘述。

3. 定时器指令 TOF（生成关断延时）

可以使用"生成关断延时"（Generateoff-delay）指令将输出 Q 的复位延时设定为时间 PT。当输入 IN 的逻辑运算结果（RLO）从"0"变为"1"（信号上升沿）时，将置位输出 Q。当输入 IN 处的信号状态变回"0"时，预设的时间 PT 开始计时。只要 PT 持续时间仍在计时，输出 Q 就保持置位。持续时间 PT 计时结束后，将复位输出 Q。如果输入 IN 的信号状态在持续时间 PT 计时结束之前变为"1"，则复位定时器，输出 Q 的信号状态仍为"1"。

可以在输出 ET 中查询当前的时间值。该定时器值从 T#0s 开始，在达到持续时间值 PT 后结束。当持续时间 PT 计时结束后，在输入 IN 变回"1"之前，输出 ET 会保持被设置为当前值的状态；在持续时间 PT 计时结束之前，如果输入 IN 的信号状态切换为"1"，则将输出 ET 复位为值 T#0s。

每次调用"生成关断延时"指令时，必须将其分配给用于存储指令数据的 IEC 定时器。

生成关断延时指令示例程序如图 9-2 所示。当操作数"Tag_Start"的信号状态从"0"变为"1"时，操作数"Tag_Status"的信号状态将置位为"1"。当操作数"Tag_Start"的信号状态从"1"变为"0"时，PT 参数预设的时间将开始计时。只要

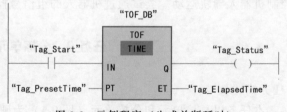

图 9-2　示例程序（生成关断延时）

该时间仍在计时,操作数"Tag_Status"就会保持置位为 TRUE。该时间计时完毕后,操作数"Tag_Status"将复位为 FALSE。当前时间值存储在操作数"Tag_ElapsedTime"中。

生成关断延时指令中的操作数见表 9-1。

表 9-1　生成关断延时指令中的操作数

参数	操作数	值
IN	Tag_Start	信号跃迁"0"→"1";信号跃迁"1"→"0"
PT	Tag_PresetTime	T#10s
Q	Tag_Status	TRUE
ET	Tag_ElapsedTime	T#10s→T#0s

4. WinCC 画面操作基础

WinCC 画面操作基础在任务 7 中已做说明,此处不再赘述。

【任务实施】

1. 系统组态

(1)软件预设组态　根据实现通信需要使用的硬件,在硬件目录中添加相应硬件,并建立网络连接,如图 9-3 所示。

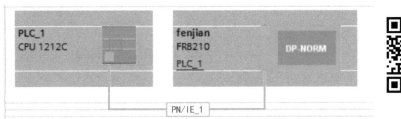

图 9-3　软件预设组态

在网络视图中,选中远程 I/O 模块,切换到设备视图,打开"设备概览",从硬件目录中为远程 I/O 添加输入输出模块,并根据电气图添加远程 I/O 模块地址,如图 9-4 所示。

模块	...	机架	插槽	I 地址	Q 地址	类型
▼ fenjian		0	0			FR8210
▶ PN-IO		0	0 X1			HDC
FR1108_1		0	1	10		FR1108
FR1108_2		0	2	11		FR1108
FR1108_3		0	3	12		FR1108
FR2108_1		0	4		10	FR2108
FR2108_2		0	5		11	FR2108
		0	6			
		0	7			
		0	8			
		0	9			
		0	10			

图 9-4　远程 I/O 输入输出模块及地址的添加

(2)系统实际组态　根据硬件电气参数及接线图,为硬件接通电源,并用网线连接 PLC、远程 I/O 设备、PC 与交换机。

2. PLC 程序解析

1）建立 PLC 变量表。根据设备的电气图，在博途软件里建立 I/O 点位的 PLC 变量，如图 9-5 所示。

2）添加 FB 块内部变量。根据输入输出变量要求添加变量，如图 9-6 所示。

3）程序流程图如图 9-7 所示。

分拣单元

		名称	数据类型	地址	保持
1		传送起始产品检知	Bool	%I10.0	
2		1#分拣机构产品检知	Bool	%I10.1	
3		2#分拣机构产品检知	Bool	%I10.2	
4		1#分拣道口产品检知	Bool	%I10.4	
5		2#分拣道口产品检知	Bool	%I10.5	
6		1#分拣机构推出动作	Bool	%I10.7	
7		2#分拣机构推出动作	Bool	%I11.1	
8		放入1#分拣机构	Bool	%M80.0	
9		放入2#分拣机构	Bool	%M80.1	
10		变频器故障	Bool	%I12.0	
11		1#分拣机构推出气缸	Bool	%Q10.0	
12		1#分拣机构升降气缸	Bool	%Q10.1	
13		2#分拣机构升降气缸	Bool	%Q10.2	
14		2#分拣机构升降气缸	Bool	%Q10.3	
15		1#分拣道口定位气缸	Bool	%Q10.6	
16		2#分拣道口定位气缸	Bool	%Q10.7	
17		传动带驱动电机	Bool	%Q11.1	
18		3#分拣机构产品检知	Bool	%I10.3	
19		3#分拣道口产品检知	Bool	%I10.6	
20		3#分拣机构推出动作	Bool	%I11.2	
21		3#分拣机构推出气缸	Bool	%Q10.4	
22		3#分拣机构升降气缸	Bool	%Q10.5	
23		3#分拣道口定位气缸	Bool	%Q11.0	

图 9-5　建立 PLC 变量

分拣单元

		名称	数据类型	默认值
1	▼	Input		
2		传送起始产品检知	Bool	false
3		1#分拣机构产品检知	Bool	false
4		2#分拣机构产品检知	Bool	false
5		1#分拣机构推出动作	Bool	false
6		2#分拣机构推出动作	Bool	false
7		1#分拣道口产品检知	Bool	false
8		2#分拣道口产品检知	Bool	false
9		放入1#分拣机构	Bool	false
10		放入2#分拣机构	Bool	false
11		变频器故障	Bool	false
12	▼	Output		
13		1#分拣机构升降气缸	Bool	false
14		1#分拣机构推出气缸	Bool	false
15		1#分拣道口定位气缸	Bool	false
16		2#分拣机构升降气缸	Bool	false
17		2#分拣机构推出气缸	Bool	false
18		2#分拣道口定位气缸	Bool	false
19	▼	InOut		
20		传动带驱动电机	Bool	false
21	▼	Static		
22		放置料仓1允许	Bool	false
23		放置料仓2允许	Bool	false

图 9-6　添加 FB 块内部变量

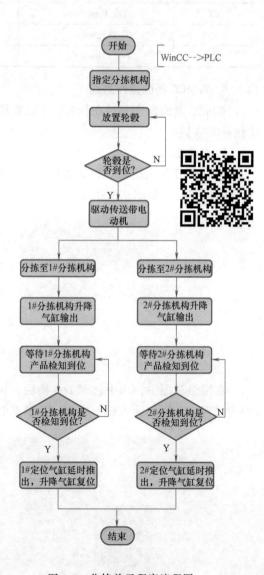

图 9-7　分拣单元程序流程图

4）分拣机构选择程序如图 9-8 所示。

5）轮毂放至 1#分拣机构程序如图 9-9 所示。

6）1#分拣机构复位程序如图 9-10 所示。

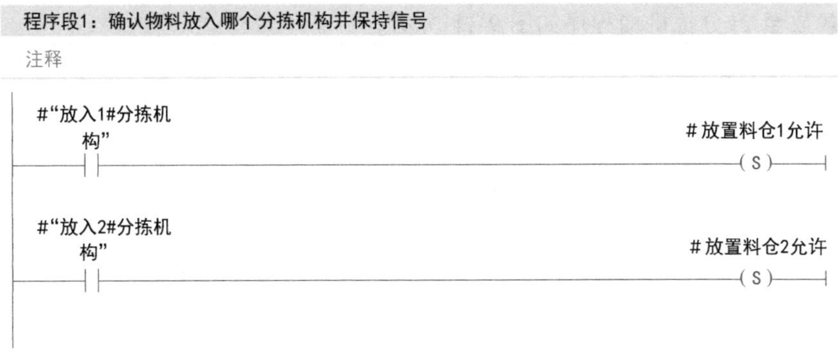

程序段1：确认物料放入哪个分拣机构并保持信号
注释
#“放入1#分拣机构”
#放置料仓1允许
S
#“放入2#分拣机构”
#放置料仓2允许
S

图 9-8　分拣机构选择程序

程序段2：物料到分拣机构1
注释
#放置料仓1允许
#传送起始产品检知
#变频器故障
#传动带驱动电机
S
#传动带驱动电机
#“1#分拣机构升降气缸”
S
#“1#分拣机构产品检知”
#“1#分拣机构推出气缸”
S
#“1#分拣道口产品检知”
#“1#分拣机构推出气缸”
R
%DB1
“IEC_Timer_0_DB”
TOF
Time
IN
Q
T#3s
PT
ET
#“1#分拣道口定位气缸”

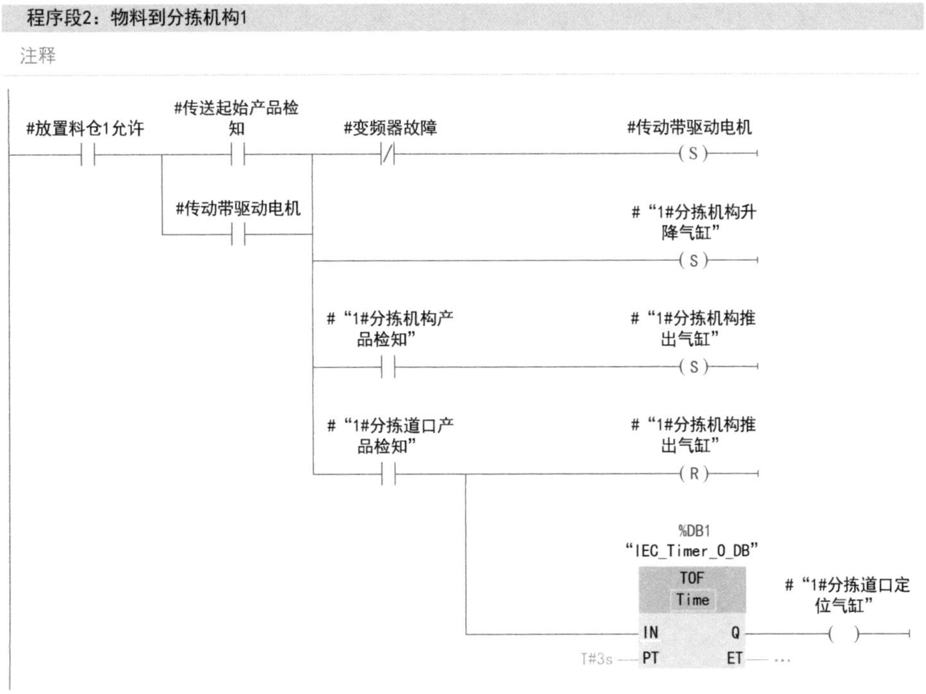

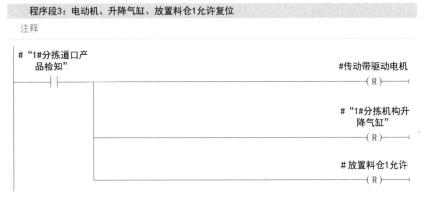

图 9-9　轮毂放至 1#分拣机构程序

程序段3：电动机、升降气缸、放置料仓1允许复位
注释
#“1#分拣道口产品检知”
#传动带驱动电机
R
#“1#分拣机构升降气缸”
R
#放置料仓1允许
R

图 9-10　1#分拣机构复位程序

7）轮毂放至 2#分拣机构程序如图 9-11 所示。

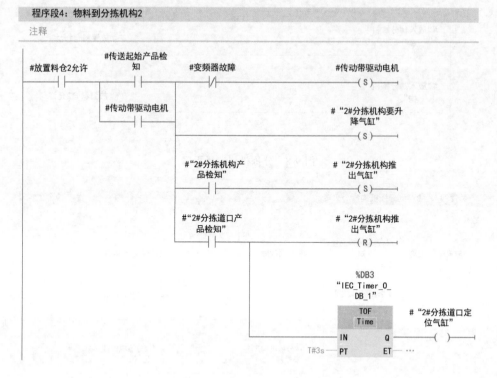

图 9-11　轮毂放至 2#分拣机构

8）2#分拣机构复位程序如图 9-12 所示。

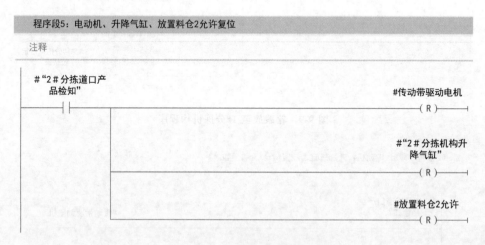

图 9-12　2#分拣机构复位程序

9）将 PLC 变量关联到 FB 块，如图 9-13 所示。

3. WinCC 画面操作

1）添加新画面，选中所添加的新画面，并添加两个按钮，完成图 9-14 所示的画面布局。

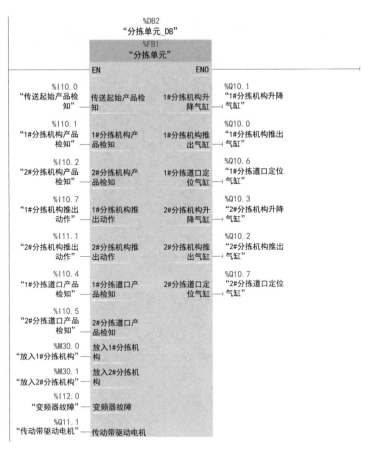

图 9-13 3#将 PLC 变量关联到 FB 块

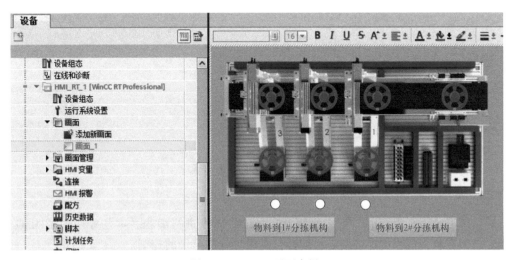

图 9-14 WinCC 画面布局

2）轮毂的图片并不是一直显示在 WinCC 画面上，画面的显示与隐藏设置如图 9-15 所示。

3）WinCC 仿真效果如图 9-16 所示。

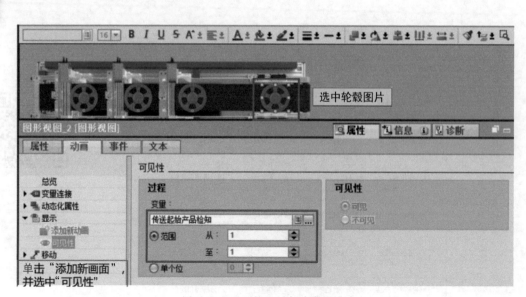

图 9-15　画面的显示与隐藏设置

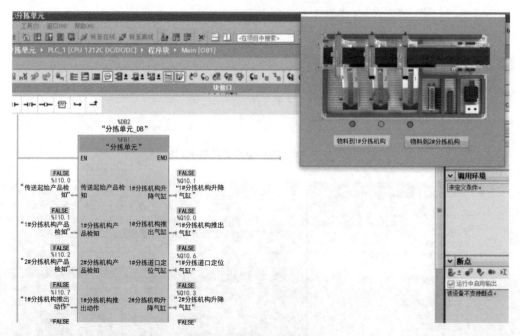

图 9-16　WinCC 仿真效果

【知识拓展】

课后练习：PLC 编程时，可以使用 DB 块点或 M 点进行编程，本任务使用了 M 点进行编程。查阅资料，使用 DB 块点进行编程，实现对分拣单元的控制。

任务 10　打磨夹具控制实训

【任务描述】

本任务以总控单元和打磨单元（图 10-1）为硬件基础，通过总控单元 PLC 与打磨单元远程 I/O 模块之间的 PROFINET 通信，实现对打磨单元的控制。

a) 总控单元   b) 打磨单元

图 10-1 总控单元和打磨单元

任务流程：用网线连接总控单元与打磨单元，通过编写 PLC 程序，实现用户程序对打磨单元放料位、搬运夹爪及取料位相关气缸的控制，最终完成轮毂的翻转，并通过 WinCC 画面实现交互。

【知识储备】

1. 变量表及功能块的建立

变量表及功能块的建立在任务 6 中已做说明，此处不再赘述。

2. 位逻辑运算指令

常开触点、常闭触点、线圈、复位输出及置位输出指令在任务 6 中已做说明，此处不再赘述。

3. PLC 编程思路——状态组合控制

一个运动过程可以通过很多方法来控制。打磨单元中需要控制的气缸比较多，本单元中有翻转气缸、升降气缸和夹具气缸等。翻转气缸和升降气缸是用两个电磁线圈输出来控制一个气缸阀门的，在控制过程中一定要先复位一边，另外一边才会动作，初学者应多思考其动作逻辑。

状态组合控制是指只需要知道动作流程，就可以通过直接控制 Q 点输出来完成整体控制。一个字节 Byte 是由八位 BOOL 组合而成的，可以把八个气缸 Q 点输出组合成一个字节 Byte 输出，见表 10-1。

表 10-1 点位换算表

FR2108-1（地址 20）		地址	二进制	初始状态	翻转工装夹具气缸夹紧	翻转工装升降气缸向上动作	翻转工装翻转气缸到左侧	翻转工装升降气缸向下动作	夹具松开
1	打磨工位夹具气缸	Q20.0	1						
2	翻转工装翻转左位	Q20.1	2				2	2	2
3	翻转工装翻转右位	Q20.2	4	4	4	4			
4	翻转工装升降上位	Q20.3	8			8	8		

（续）

FR2108-1(地址 20)		地址	二进制	初始状态	翻转工装夹具气缸夹紧	翻转工装升降气缸向上动作	翻转工装翻转气缸到左侧	翻转工装升降气缸向下动作	夹具松开
5	翻转工装升降下位	Q20.4	16	16	16			16	16
6	翻转工装夹具气缸	Q20.5	32		32	32	32	32	
7	旋转工位旋转气缸	Q20.6	64						
8	旋转工位夹具气缸	Q20.7	128						
				20	52	44	42	50	18

以图 10-2 和图 10-3 所示程序为例，它们输出的效果是一致的，都是使翻转工装夹具夹紧，然后翻转工装上升。

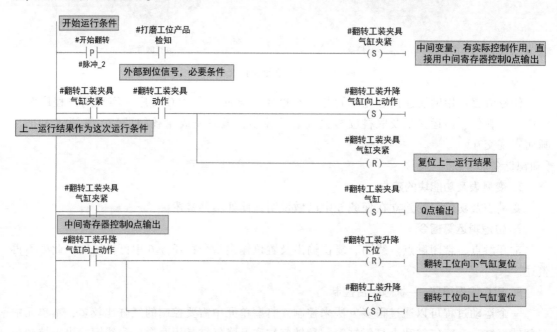

图 10-2 一般控制流程

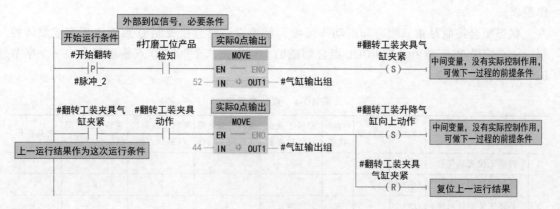

图 10-3 状态组合控制流程

4. WinCC 画面操作

WinCC 画面操作在任务 7 中已做说明，此处不再赘述。

【任务实施】

1. 系统组态

（1）软件预设组态 根据实现通信需要使用的硬件，在硬件目录中添加相应硬件，并建立网络连接，如图 10-4 所示。

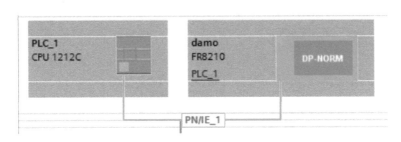

图 10-4　软件预设组态

在网络画面中，选中远程 I/O 模块，切换到设备画面，打开"设备概览"，从硬件目录中为远程 I/O 添加输入输出模块，并根据电气图添加远程 I/O 模块地址，如图 10-5 所示。

图 10-5　远程 I/O 输入输出模块及地址的添加

（2）系统实际组态 根据硬件电气参数及接线图，为硬件接通电源，并用网线连接 PLC、远程 I/O 设备、PC 与交换机。

2. PLC 程序解析

1）程序流程图如图 10-6 所示。

2）建立 PLC 变量表。根据设备的电气图，在博途软件中建立 I/O 点位的 PLC 变量，如图 10-7 所示。

3）添加 FB 块内部变量。根据输入输出变量要求添加变量，如图 10-8 所示。

4）初始化程序。由于打磨单元中的气缸比较多，一定会涉及气缸状态初始化，如图 10-9 所示。

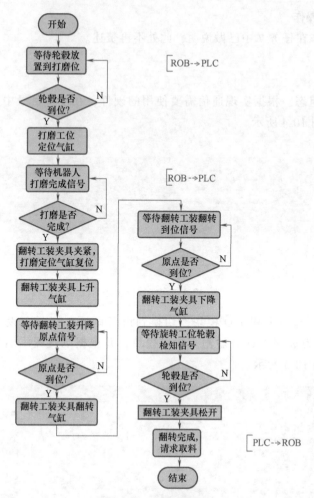

图 10-6　程序流程图

图 10-7　建立 PLC 变量表

图 10-8　添加 FB 块内部变量

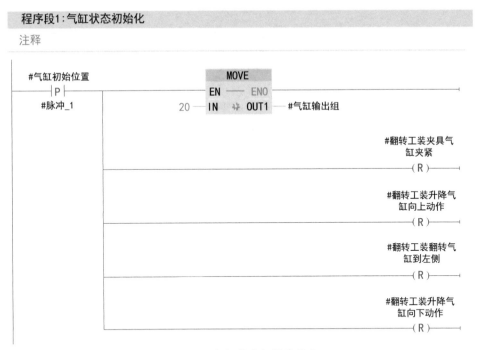

图 10-9　气缸状态初始化程序

5）打磨单元轮毂翻转过程如图 10-10 所示。

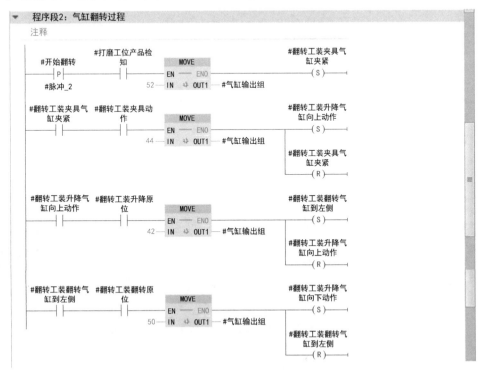

图 10-10　轮毂翻转

6）将 PLC 变量关联到 FB 块，如图 10-11 所示。

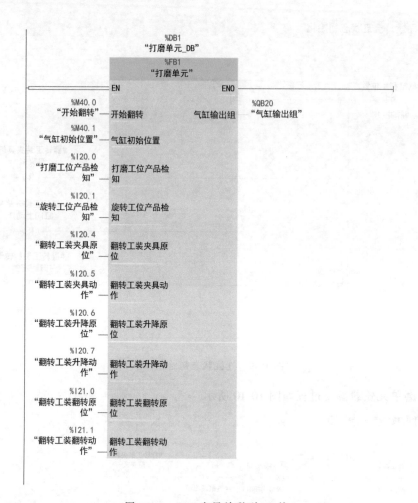

图 10-11 PLC 变量关联到 FB 块

3. WinCC 画面操作

1) 添加新画面, 选中所添加的新画面, 并添加两个按钮, 完成图 10-12 所示的画面布

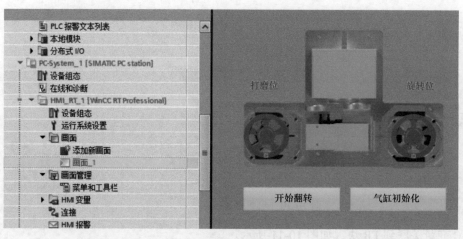

图 10-12 WinCC 画面布局

局。这里只涉及状态显现和按钮设置。

2）WinCC 仿真效果如图 10-13 所示。

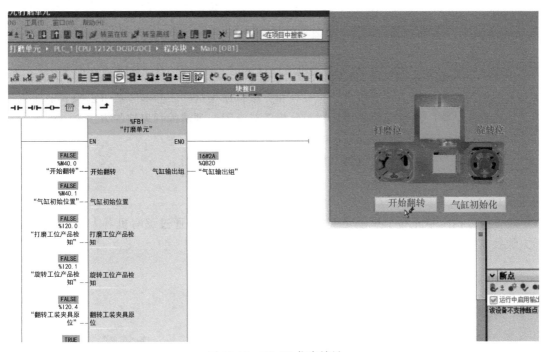

图 10-13　WinCC 仿真效果

【知识拓展】

知识延伸：西门子 PLC 提供了块保护的加密功能，可以加密功能 FC 和功能块 FB 的程序代码。查阅相关资料，说明 FB 块的加密方法。

项目4 工业机器人编程与应用

工业机器人相关课程介绍了 ABB 机器人的基本指令及编程方法。本项目首先介绍数组、带参数的例行程序、模块化程序设计等工具和方法，使用这些工具和方法可以极大地简化程序、优化程序结构；然后介绍利用流程图分析工艺流程，理清编程思路的方法。

任务 11　工具安装与拆卸实训

【任务描述】

本任务以执行单元和工具单元（图 11-1）为硬件基础，通过编写机器人程序，实现机器人快换工具的安装与拆卸。

a) 执行单元　　　　　　　b) 工具单元

图 11-1　执行单元和工具单元

快换接头包括公端和母端，在机器人上安装公端，在工具上安装母端，可使机器人安装与拆卸工具变得更为容易。将安装程序与拆卸程序模块化之后，即可将同一个程序用在不同工具的安装与拆卸上。

任务流程：首先，按照常规思路编写机器人快换工具的安装与拆卸程序；然后通过学习模块化编程方法，再次编写安装与拆卸程序。

【知识储备】

1. 数组

数组是相同数据类型的元素按一定顺序排列而成的集合。在程序设计中，为了方便处理，会把相同类型的程序数据编成数组进行处理。

根据目标数据、应用地点等的不同，数组可以按维度分为一维数组、二维数组和三维数组，如表 11-1、表 11-2 及图 11-2 所示。

数组的创建步骤如下：

表 11-1　一维数组　　　　　　　　　　　　　　　　（单位：mm）

物料	1	2	3	4	5
长度	20	15	5	10	20

表 11-2　二维数组　　　　　　　　　　　　　　　　（单位：mm）

物料	1	2	3	4	5
长	20	15	5	10	20
宽	15	20	10	7	50

1）在创建程序数据的界面，单击"维数"后的下拉菜单，选择数组的维数，如图 11-3 所示。

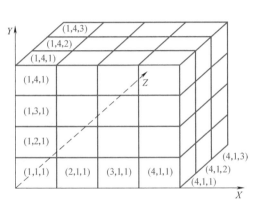

图 11-2　三维数组

图 11-3　维数的选择

2）单击"…"，定义数组的尺寸，如图 11-4 所示。

2. 带参数的例行程序

如果一个例行程序能够传递或者引用某种参数，那么，这个例行程序就是带参数的例行程序。其调用格式为：

Gettool n；

其中，"Gettool"为该例行程序的名称；"n"为该例行程序的参数，其类型是任意数据类型，可以是数字量 num、位置数据量 Pos、点位数据量 Robtarget 或 TCP 数据量 tooldata 等。"n"的存储类型可以为常量、变量或可变量，参数定义如图 11-5 所示。

例行程序的参数有四种存取模式："输入""输入/输出""变量"和"可变量"，如

图 11-4　数组尺寸的定义

图 11-6 所示。

1）"输入"：参数仅作为程序中的输入。

2）"输入/输出"：参数可以作为程序中的输入或者输出。

3）"变量"：参数仅可为变量。

4）"可变量"：参数仅可为可变量。

图 11-5　参数定义　　　　　　　　图 11-6　参数的四种存取模式

3. 模块化程序设计

模块化程序设计就是将程序分解为独立的、可替换的、具有预定功能的多个模块，每个模块实现一种功能，各模块组合到一起形成最终的程序。

模块化程序设计的优点包括：易设计，可将复杂问题化成简单问题；易实现，可以团队开发；易测试，可各自单独测试；易维护，可增加、修改模块；可重用，一个模块可参与组合不同的程序。

程序模块化的方法为：对多个可以实现相似功能的程序进行比较，找到相同及不同之处，将相同之处保留下来，将不同之处做数组等方法处理；最后拼成一个带参数的例行程序，通过改变参数来实现不同功能。

以工具快换程序为例，比较取夹爪工具和取打磨工具的程序。两者的相同之处是起始点位、运动方式和信号指令，不同之处是工具接触点位和偏移值。根据相同之处和不同之处可将两个程序模块化成一个取工具程序。

【任务实施】

1. 取夹爪工具和取打磨工具程序的编写

假设夹爪工具和打磨工具的摆放位置如图 11-7 所示，根据图示位置可以写出取夹爪工具和取打磨工具的程序。

（1）取夹爪工具的程序

```
PROC gettool1( )
        MoveJ T_1_Ready,v1000,fine,tool0;
```

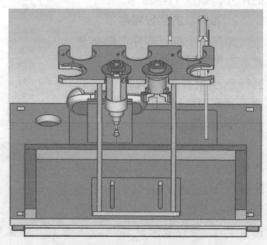

图 11-7　夹爪工具和打磨工具的摆放位置

MoveL Offs(Tool_1,-120,0,20),v1000,fine,tool0；

MoveL Offs(Tool_1,0,0,20),v200,fine,tool0；

MoveL Tool_1,v50,fine,tool0；

Reset QuickChange；

WaitTime 1；

MoveL Offs（Tool_1,0,0,20),v200,fine,tool0；

MoveL Offs(Tool_1,-120,0,20),v1000,fine,tool0；

MoveJ T_1_Ready,v1000,fine,tool0；

ENDPROC

（2）取打磨工具的程序

PROC gettool2( )

MoveJ T_1_Ready,v1000,fine,tool0；

MoveL Offs(Tool_2,-120,0,20),v1000,fine,tool0；

MoveL Offs(Tool_2,0,0,20),v200,fine,tool0；

MoveL Tool_2,v50,fine,tool0；

Reset QuickChange；

WaitTime1；

MoveL Offs(Tool_2,0,0,20),v200,fine,tool0；

MoveL Offs(Tool_2,-120,0,20),v1000,fine,tool0；

MoveJ T_1_Ready,v1000,fine,tool0；

ENDPROC

2. 确定参数

比较以上两个程序可知，其格式相同，只有点位不同。如果要合并两个程序，则需要寻找一个变量参数，通过参数的变化来实现点位的切换。

这里选择数字参数 toolnum 作为切换点位的变量。

3. 建立数组

针对不同点位，可以建立以下点位数组：

CONSTrobtarget ToolN{2}：=[Tool_1,Tool_2]；

则 ToolN{1}=Tool_1,ToolN{2}=Tool_2；

4. 程序的模块化

模块化后的取工具程序如下：

CONSTrobtarget ToolN{2}：=[Tool_1,Tool_2]；

PROC GetTool(num toolnum)

MoveJ T_1_Ready,v1000,fine,tool0；

MoveL Offs(ToolN{toolnum},-120,0,20),v1000,fine,tool0；

MoveL Offs(ToolN{toolnum},0,0,20),v200,fine,tool0；

MoveL ToolN{toolnum},v50,fine,tool0；

Reset QuickChange；

WaitTime 1；

MoveL Offs(ToolN{toolnum},0,0,20),v200,fine,tool0;

MoveL Offs(ToolN{toolnum},-120,0,20),v1000,fine,tool0;

MoveJ T_1_Ready,v1000,fine,tool0;

　ENDPROC

GetTool（num toolnum）就是模块化后的程序。当 toolnum 为 1 时，表示取夹爪工具程序；当 toolnum 为 2 时，表示取打磨工具程序。有了 toolnum 这个参数，就可以扩大程序的适用性，实现了外部参数控制模块化程序。

【知识拓展】

课后练习 1：依照本任务学习的编程思路，设计放工具的模块化程序。

课后练习 2：比较取工具与放工具的程序，思考是否可以对取工具与放工具的程序进行模块化。

课后练习 3：当需要取的工具比较多，而且有的工具放在正面，有的工具放在侧面时，应如何编写程序？

任务 12　轮毂分拣实训

【任务描述】

本任务以图 12-1 所示的总控单元、执行单元、工具单元、仓储单元、检测单元及分拣单元为硬件基础，通过各单元之间的通信实现交互，最终实现轮毂的检测与分拣。

a) 总控单元　　　　　　　b) 执行单元　　　　　　　c) 工具单元

d) 仓储单元　　　　　　　e) 检测单元　　　　　　　f) 分拣单元

图 12-1　总控单元、执行单元、工具单元、仓储单元、检测单元及分拣单元

任务流程：工业机器人取夹爪工具，PLC 检测仓位有料与否后，按顺序推出轮毂；机器人抓取轮毂，到达检测工位进行检测，将检测结果反馈给 PLC，并将轮毂放置到分拣单元放料位置。如果轮毂上扫出的二维码是 0001 或 0002，则放到 1 号库；如果是 0003 或 0004，则放到 2 号库；如果是 0005 或 0006，则放到 3 号库。

【知识储备】

1. 速度和加速度设置指令

（1）速度设置指令 VelSet　该指令对机器人运行速度进行限制，机器人运动指令中均含有速度设置指令。在执行速度设置指令 VelSet 后，实际运行速度为指令规定的运行速度乘以机器人运行速率，并且不超过机器人最大运行速度，系统默认值为 "VelSet 100，5000"。指令格式为：

VelSet Override，Max；

其中，Override 为机器人运行速率（%），数据类型为 num；Max 为最大运行速度（mm/s），数据类型为 num。

示例：

VelSet 50，800；

MoveL p1，v1000，z10，tool1；

MoveL p2，v2000，z10，tool1；

在机器人运行到 p1 点的轨迹里，其速度为 1000mm/s×50% = 500mm/s<800mm/s，所以到 p1 的轨迹速度为 500mm/s；在机器人运行到 p2 点的轨迹里，其速度为 2000mm/s×50% = 1000mm/s>800mm/s，所以到 p1 的轨迹速度为 800mm/s。

（2）加速度设置指令 AccSet　当机器人运行速度改变时，该指令对所产生的加速度进行限制，使机器人高速运行时更平缓，但会延长循环时间。系统默认值为 "AccSet 100，100"。指令格式为：

AccSet Acc，Ramp；

其中，Acc 为机器人加速度百分率（%），数据类型为 num；Ramp 为机器人加速度坡度（%），数据类型为 num。

示例：

AccSet 50，100；

将加速度限制为正常值的 50%。

AccSet 100，50；

将加速度坡度限制为正常值的 50%。

2. 程序设计规范

一个完整的程序分为 3 个部分：初始化处理、程序实施和结束处理，如图 12-2 所示。

初始化处理是将机器人的状态及数据设为程序所需的初始状态。这保证了机器人工作的安全性，在程序执行时有助于减少机器人工作出问题的可能性。初始化处理包括机器人回安全原点、信号及数据初始化、速度及加速度限制等。

在程序实施部分，主程序只体现工艺步骤，不体现具体实施动作，在各子程序里完成相应的工艺动作。因此，在主程序里可以一目了然地读出工艺流程；在分析问题或者错误时，也能快速找到发生问题或者错误的程序位置。

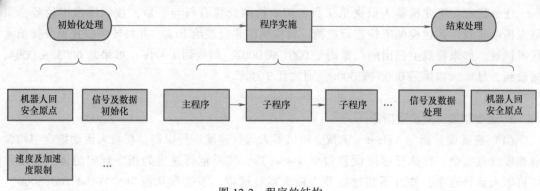

图 12-2 程序的结构

在结束处理部分，出于安全的考虑，设计了机器人回安全原点、信号及数据处理。

3. 程序流程图

程序流程图又称程序框图，是用统一规定的标准符号描述程序运行具体步骤的图形。程序框图的设计是在处理流程图的基础上，通过对输入输出数据和处理过程的详细分析，将机器人的主要运行步骤和内容标识出来。程序框图是进行程序设计的最基本依据，因此它的质量直接关系到程序设计的质量。

如图 12-3 所示，在程序流程图中，箭头表示控制流，也就是程序的指向。圆边矩形代表程序的起始或者终止，箭头从起始框开始，最终流向终止框，表示程序从起始框开始，到终止框结束。矩形代表执行框，表示加工步骤。执行框可以有多个输入流。在单一机器人任务里，执行框只有一个输出流；在机器人多任务或者机器人与外部交互时，可以有多输出流。菱形代表判断框，表示逻辑条件，当出现逻辑判断的时候，就用判断框指向不同的判断结果，在菱形框内写判断条件，在输出的流向里写不同判断条件的情况。

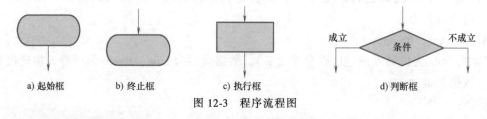

图 12-3 程序流程图

4. 程序流程图的设计步骤

1）画出程序流程图。根据任务要求画出的程序流程图就是整个任务的工艺流程，也就是机器人主程序的工艺布局。

2）完成初始化程序及结束程序。根据工艺流程确定所需的信号及数据，完成信号及数据的初始化和结束处理，并根据工艺要求设定工艺过程的速度及加速度。

3）程序编写。根据流程图写出主程序，再根据主程序完成子程序。

4）检验程序。

【任务实施】

1. 机器人程序解析

（1）程序流程图 任务以初始化程序开始，先取工具，再取轮毂，对轮毂进行检测，如果标号是 0001 或 0002，则放入 1 号库；如果标号是 0003 或 0004，则放入 2 号库；如果标号是 0005 或 0006，则放入 3 号库。轮毂分拣完成后，将工具放回，结束处理程序，如图 12-4 所示。

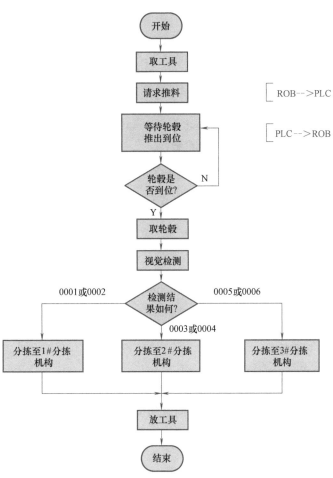

图 12-4 程序流程图

（2）初始化程序

PROC rInitialize( )

 MoveJHome,v500,fine,tool0;！机器人回原点

 HubNum:=0;！信号及数据初始化

 ph_result:=" ";

 Set QuickChange;

 Set VacB_1;

 Reset RequestGetHub;

 Set Initia;

 Reset Initia;

 AccSet 50,80;！设定机器人加速度及速度

 VelSet 80,1000;

ENDPROC

（3）主程序

PROC Main( )

 rInitialize;！初始化处理

```
        WHILE TRUE DO
            MoveAbsJ Home\NoEOffs,v1000,fine,tool0;//回原点
            rServo1;！到达伺服位置1
            rTool 1,1;！取工具1
            FOR I FROM 0 TO 6 DO
                    rRequest;！请求轮毂推出
                    rGetHub HubNum;！取轮毂
                    rServo 2;！到达伺服位置2
                    rCCD;！检测
                    rSort;！分拣
                    rServo 1;！到达伺服位置1
            ENDFOR
                rTool0,1;！放工具1
                MoveAbsJ Home\NoEOffs,v1000,fine,tool0;//回原点
        ENDWHILE
    ENDPROC
```

（4）到达伺服位置程序

```
    PROC rServo(NumPosition)
            SetGO ServoPosition,Position;！伺服位置控制组信号
            WaitGI ServoArriveN,Position;！伺服到位信号
    ENDPROC
```

（5）取、放工具程序

```
    PROC rTool(num motion,num toolnum)
            MoveJ T_1_Ready,v1000,fine,tool0;
            MoveL Offs(ToolN{toolnum},-120,0,20),v1000,fine,tool0;
            MoveL Offs(ToolN{toolnum},0,0,20),v200,fine,tool0;
            MoveL ToolN{toolnum},v50,fine,tool0;
            rMoodmotion;！取或放动作
            MoveL Offs(ToolN{toolnum},0,0,20),v200,fine,tool0;
            MoveL Offs(ToolN{toolnum},-120,0,20),v1000,fine,tool0;
            MoveJ T_1_Ready,v1000,fine,tool0;
    ENDPROC
```

（6）取、放工具动作程序

```
    PROC rMood(num n)
            TEST n
            CASE0:！0为放
                WaitTime 1;
                Set QuickChange;
                WaitTime 1;
            CASE1:！1为取
```

```
            WaitTime 1;
            Reset QuickChange;
            WaitTime 1;
        ENDTEST
ENDPROC
```

（7）请求轮毂推出程序

```
PROC rRequest()
    Set RequestGetHub;! 请求推出轮毂
    WaitDI GetHubAllowIn,1;! 轮毂到位
    Reset RequestGetHub;
    WaitTime 1;
    HubNum:=GInput(HubN);! 记录轮毂仓位
ENDPROC
```

（8）取轮毂程序

```
PROC rGetHub(NumN)
    MoveJ CC_1_Ready,v1000,fine,tool0;
    MoveJ Offs(Hub_N{HubNum},0,0,40),v500,fine,tool0;
    MoveL Hub_N{HubNum},v200,fine,tool0;
    Reset VacB_1;
    WaitTime 0.5;
    MoveL Offs(Hub_N{HubNum},0,0,10),v200,fine,tool0;
    MoveL Offs(Hub_N{HubNum},0,-120,10),v500,fine,tool0;
    MoveJ CC_1_Ready,v1000,fine,tool0;
    Set GetHubFinish;
    WaitTime 1;
    Reset GetHubFinish;
ENDPROC
```

（9）检测程序

```
PROC rCCD()
    MoveJ V_1_Ready,v1000,fine,tool0;
    MoveL Offs(V_N{HubNum},0,0,100),v1000,fine,tool0;
    MoveL V_N{HubNum},v1000,fine,tool0;
    TPErase;
    SocketClose socket_ccd;
    SocketCreate socket_ccd;
    Socket Connectsocket_ccd,IP,port\Time:=60;
    TPWrite "socketclientinitialok";
    WaitTime 0.2;
    SocketSend socket_ccd\Str:="SCNGROUP1";! 场景组号
    WaitTime 0.2;
```

```
    SocketSend socket_ccd\Str: = "SCENE1"; ! 场景号
    WaitTime 0. 2;
    SocketSend socket_ccd\Str: = "M"; ! 拍照
    WaitTime 0. 2;
    SocketReceive socket_ccd\Str: = ph_result\Time: = 60;
    TPWrite ph_result;
    STR_Result: = StrPart(ph_result, 10, 4); ! 提取二维码数据
    IF STR_Result = STR1 OR STR_Result = STR2 THEN
        SetGO MES, 1;
        WaitTime 1;
        SetGO MES, 0;
    ELSEIF STR_Result = STR3 OR STR_Result = STR4 THEN
        SetGO MES, 2;
        WaitTime 1;
        SetGO MES, 0;
    ELSEIF STR_Result = STR5 OR STR_Result = STR6 THEN
        SetGO MES, 3;
        WaitTime 1;
        SetGO MES, 0;
    ENDIF
    SocketClose socket_ccd;
    MoveL Offs(V_N{HubNum}, 0, 0, 100), v1000, fine, tool0;
    MoveJ V_1_Ready, v1000, fine, tool0;
ENDPROC
```

(10) 轮毂分拣程序

```
PROC rSort()
    MoveJ S_1_Ready, v1000, fine, tool0;
    MoveL Offs(S_In, 0, 0, 100), v500, fine, tool0;
    MoveL S_In, v200, fine, tool0;
        Set VacB_1;
        WaitTime 0. 5;
    MoveL Offs(S_In, 0, 0, 100), v500, fine, tool0;
    MoveJ S_1_Ready, v1000, fine, tool0;
ENDPROC
```

2. 系统组态

根据实现通信需要使用的硬件，在硬件目录中添加相应硬件，并建立网络连接，如图 12-5 所示。

3. PLC 程序解析

(1) 轮毂分拣流程图 (图 12-6)

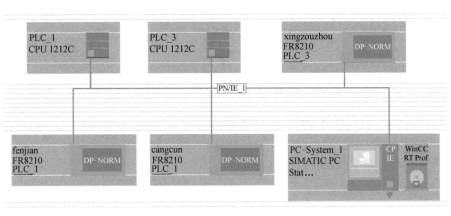

图 12-5 软件预设组态

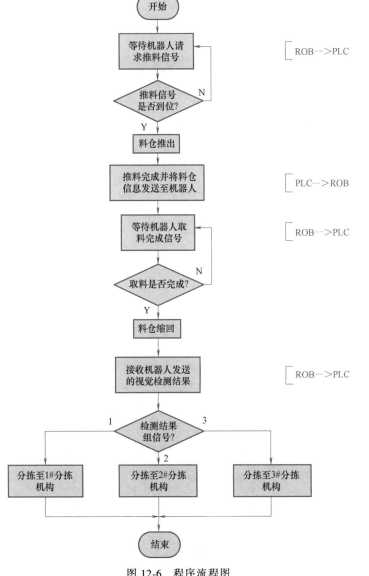

图 12-6 程序流程图

（2）PLC1 与 PLC3 之间的交互信号（图 12-7）

机器人-PLC物料推出	Bool	%M120.0	
机器人-PLC物料取出	Bool	%M120.1	
输入位置1	Bool	%M120.2	
输入位置2	Bool	%M120.3	
输入位置3	Bool	%M120.4	
气缸初始化	Bool	%M120.5	
物料推出完成机器人	Bool	%M100.0	
输出位置1	Bool	%M100.1	
输出位置2	Bool	%M100.2	
输出位置3	Bool	%M100.3	
输出料仓是几号料仓	Byte	%MB105	
WinCC画面显示1	Bool	%M105.0	
WinCC画面显示2	Bool	%M105.1	
WinCC画面显示3	Bool	%M105.2	

PLC1接收PLC3的信号

PLC1发送PLC3的信号

通过通信程序实现PLC1与PLC3之间的数据交换

WinCC画面显示仓储单元推出几号料仓

图 12-7　PLC1 与 PLC3 之间的交互信号

（3）PLC1 仓储单元控制程序

1）仓储单元 PLC 变量表如图 12-8 所示。

	名称	数据类型	默认值	保持
1	▼ Input			
2	机器人-PLC物料推出	Bool	false	非保持
3	机器人-PLC物料取出	Bool	false	非保持
4	仓储单元初始化	Bool	false	非保持
5	1#料仓产品检测	Bool	false	非保持
6	2#料仓产品检测	Bool	false	非保持
7	3#料仓产品检测	Bool	false	非保持
8	4#料仓产品检测	Bool	false	非保持
9	5#料仓产品检测	Bool	false	非保持
10	6#料仓产品检测	Bool	false	非保持
11	1#料仓推出检知	Bool	false	非保持
12	2#料仓推出检知	Bool	false	非保持
13	3#料仓推出检知	Bool	false	非保持
14	4#料仓推出检知	Bool	false	非保持
15	5#料仓推出检知	Bool	false	非保持
16	6#料仓推出检知	Bool	false	非保持
17	▼ Output			
18	输出位置1	Bool	false	非保持
19	输出位置2	Bool	false	非保持
20	输出位置3	Bool	false	非保持
21	物料推出完成机器人	Bool	false	非保持
22	1#料仓指示灯 红	Bool	false	非保持
23	1#料仓指示灯 绿	Bool	false	非保持
24	2#料仓指示灯 红	Bool	false	非保持
25	2#料仓指示灯 绿	Bool	false	非保持
26	3#料仓指示灯 红	Bool	false	非保持
27	3#料仓指示灯 绿	Bool	false	非保持
28	4#料仓指示灯 红	Bool	false	非保持
29	4#料仓指示灯 绿	Bool	false	非保持
30	5#料仓指示灯 红	Bool	false	非保持
31	5#料仓指示灯 绿	Bool	false	非保持
32	6#料仓指示灯 红	Bool	false	非保持
33	6#料仓指示灯 绿	Bool	false	非保持
34	▼ InOut			
35	1#料仓推出气缸	Bool	false	非保持
36	2#料仓推出气缸	Bool	false	非保持
37	3#料仓推出气缸	Bool	false	非保持
38	4#料仓推出气缸	Bool	false	非保持
39	5#料仓推出气缸	Bool	false	非保持
40	6#料仓推出气缸	Bool	false	非保持
41	▼ Static			
42	初始化_脉冲	Bool	false	非保持

产品分拣 ▶ PLC_1 [CPU 1212C DC/DC/DC] ▶ 程序块 ▶ 料仓推料 [FB5]

料仓推料

图 12-8　仓储单元 PLC 变量表

2）仓储单元依次出料程序如图 12-9 所示。

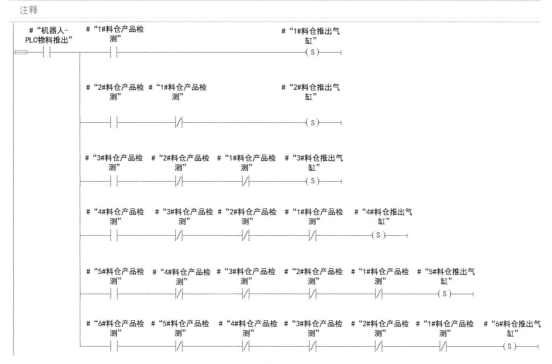

图 12-9 依次出料程序

3）机器人取料推出气缸、取料完成缩回气缸程序如图 12-10~图 12-12 所示。

图 12-10 仓储单元气缸初始化

Industrial Robot

程序段3：告知机器人推出的是第几号物料

注释

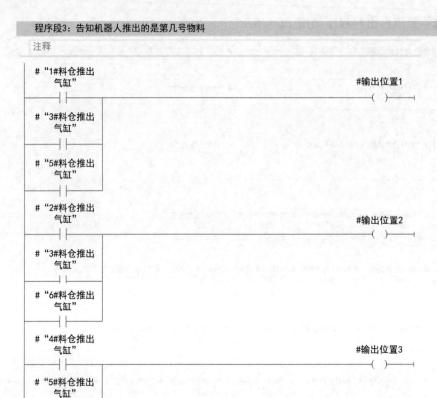

图 12-11 告知机器人推出料仓位程序

程序段4：料仓推出到位并告知机器人物料已推出请求取料

注释

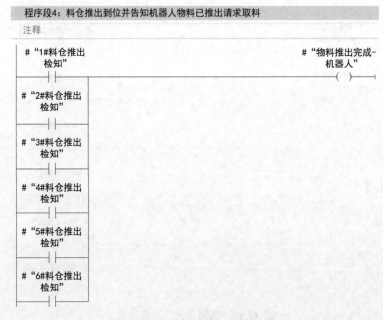

图 12-12 告知机器人出料完成

4）物料指示灯控制程序如图 12-13 所示。

图 12-13 物料指示灯控制程序

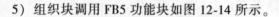

5）组织块调用 FB5 功能块如图 12-14 所示。

程序段2：OB组织块调用FB5功能块

注释

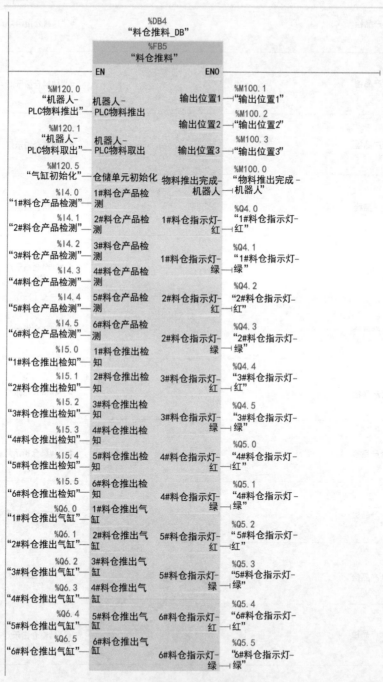

图 12-14　FB 功能块调用

（4）PLC1 分拣单元控制程序

1）分拣单元 PLC 变量表如图 12-15 所示。

产品分拣 ▸ PLC_1 [CPU 1212C DC/DC/DC] ▸ 程序块 ▸ 分拣单元 [FB1]

分拣单元

		名称	数据类型	默认值	保持
1		▼ Input			
2		传送起始产品检知	Bool	false	非保持
3		分拣单元初始化	Bool	false	非保持
4		1#分拣机构产品检知	Bool	false	非保持
5		2#分拣机构产品检知	Bool	false	非保持
6		3#分拣机构产品检知	Bool	false	非保持
7		1#分拣机构推出动作	Bool	false	非保持
8		2#分拣机构推出动作	Bool	false	非保持
9		3#分拣机构推出动作	Bool	false	非保持
10		1#分拣道口产品检知	Bool	false	非保持
11		2#分拣道口产品检知	Bool	false	非保持
12		3#分拣道口产品检知	Bool	false	非保持
13		输入信号1	Bool	false	非保持
14		输入信号2	Bool	false	非保持
15		输入信号3	Bool	false	非保持
16		变频器故障	Bool	false	非保持
17		▼ Output			
18		1#分拣机构升降气缸	Bool	false	非保持
19		1#分拣机构推出气缸	Bool	false	非保持
20		1#分拣道口定位气缸	Bool	false	非保持
21		2#分拣机构升降气缸	Bool	false	非保持
22		2#分拣机构推出气缸	Bool	false	非保持
23		2#分拣道口定位气缸	Bool	false	非保持
24		3#分拣机构升降气缸	Bool	false	非保持
25		3#分拣机构推出气缸	Bool	false	非保持
26		3#分拣道口定位气缸	Bool	false	非保持
27		▼ InOut			
28		传动带驱动电机	Bool	false	非保持
29		▼ Static			
30		放置料仓1允许	Bool	false	非保持
31		放置料仓2允许	Bool	false	非保持
32		放置料仓3允许	Bool	false	非保持
33		分拣单元_脉冲	Bool	false	非保持

图 12-15   分拣单元 PLC 变量表

2）分拣库位确认程序如图 12-16 所示。

▼ 程序段1：确认物料放入哪个分拣机构并保持信号

注释

#输入信号3	#输入信号2	#输入信号1	#放置料仓3允许
─┤/├─	─┤/├─	─┤/├─	─(S)─

#输入信号3	#输入信号2	#输入信号1	#放置料仓1允许
─┤/├─	─┤/├─	─┤ ├─	─(S)─

#输入信号3	#输入信号2	#输入信号1	#放置料仓2允许
─┤/├─	─┤ ├─	─┤/├─	─(S)─

图 12-16   分拣库位确认程序

3) 物料分拣至机构 1 控制程序 (分拣机构 2、3 控制程序同理) 如图 12-17 所示。

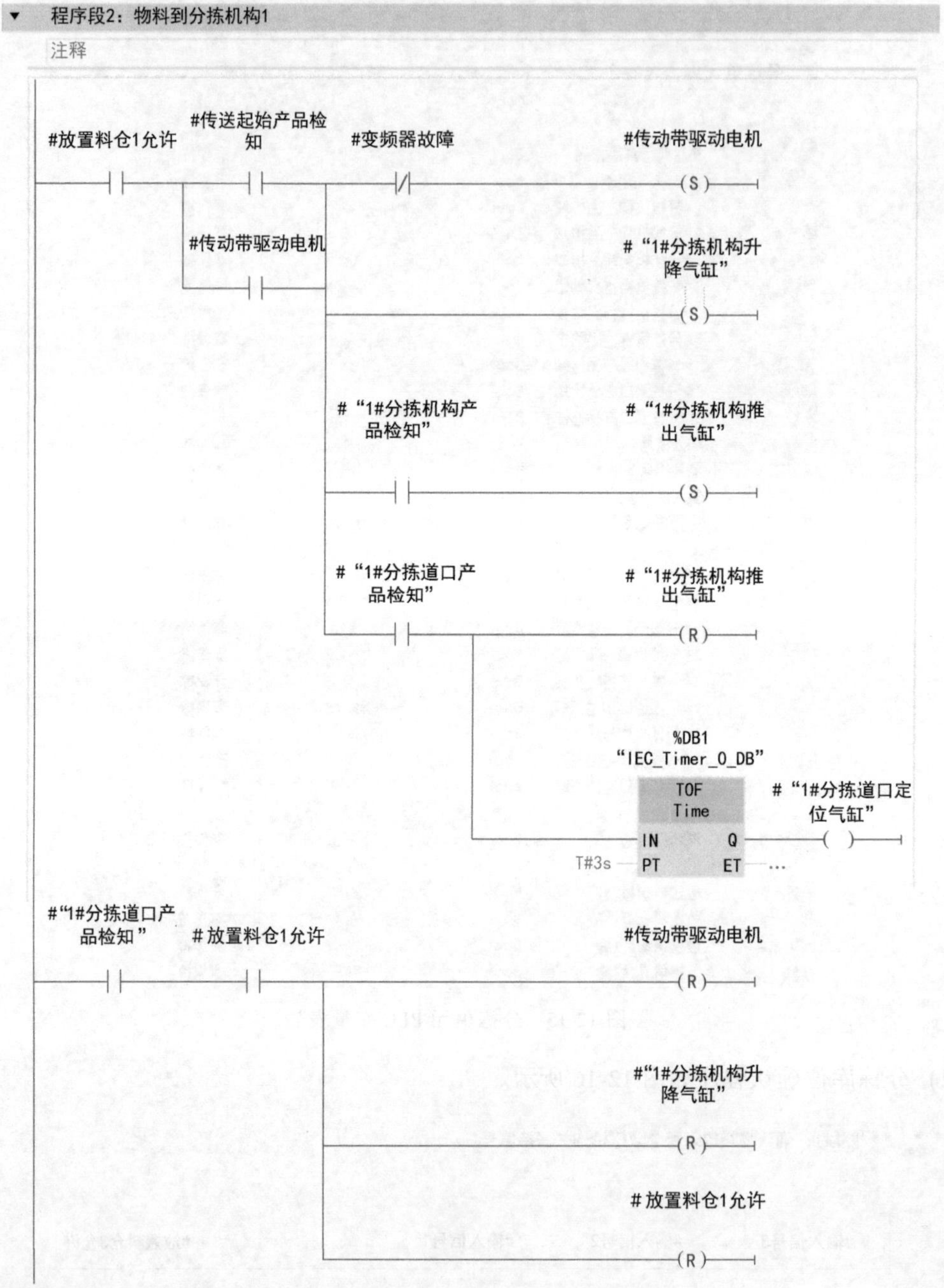

程序段2：物料到分拣机构1

注释

图 12-17 物料分拣至机构 1 控制程序

4) 分拣单元初始化程序如图 12-18 所示。

5) 组织块调用 FB1 功能块如图 12-19 所示。

(5) PLC1 与 PLC3 的通信程序 (图 12-20)

(6) WinCC 画面控制信号 (图 12-21)

(7) PLC3 中与 PLC1 的交互信号 (图 12-22)

Industrial Robot

▼ 程序段8：分拣单元初始化

注释

#分拣单元初始化
┤P├
#分拣单元_脉冲

#放置料仓1允许
—(R)—

#放置料仓2允许
—(R)—

#放置料仓3允许
—(R)—

#传动带驱动电机
—(R)—

#"3#分拣机构升
降气缸"
—(R)—

#"2#分拣机构升
降气缸"
—(R)—

#"1#分拣机构升
降气缸"
—(R)—

#"3#分拣机构推
出气缸"
—(R)—

#"2#分拣机构推
出气缸"
—(R)—

#"1#分拣机构推
出气缸"
—(R)—

图 12-18　分拣单元初始化程序

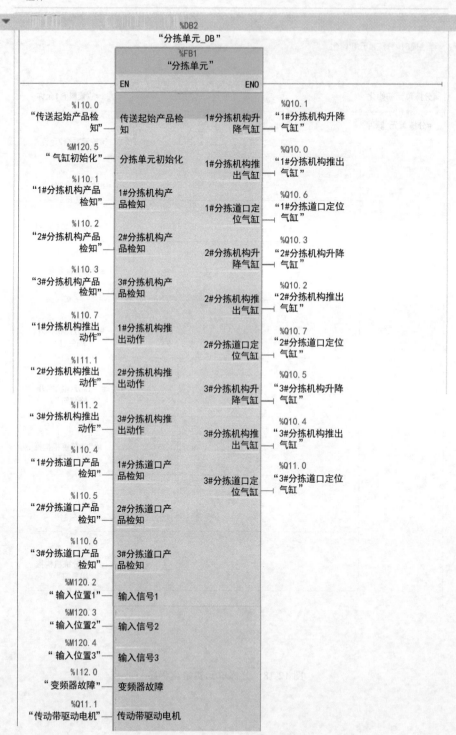

▼ 程序段1:0B组织块调用FB1功能块

　注释

图 12-19　组织块调用 FB1 功能块

Industrial Robot

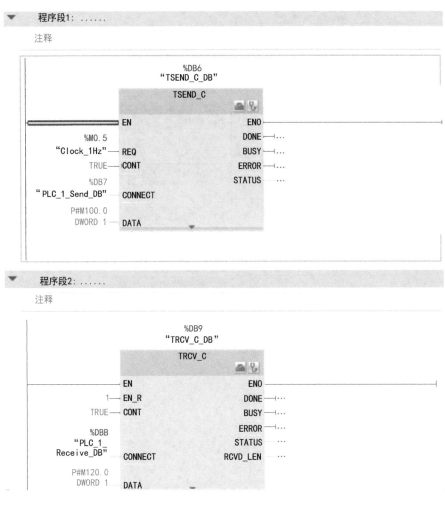

图 12-20 PLC1 与 PLC3 的通信程序

程序段3:WinCC画面推出几号 料仓数字显示

注释

```
  %M100.1                                                            %M105.0
"输出位置1"                                                      "WinCC画面显示1"
  ┤ ├                                                                  ( )

  %M100.2                                                            %M105.1
"输出位置2"                                                      "WinCC画面显示2"
  ┤ ├                                                                  ( )

  %M100.3                                                            %M105.2
"输出位置3"                                                      "WinCC画面显示3"
  ┤ ├                                                                  ( )
```

图 12-21 WinCC 画面控制信号

默认变量表

		名称	数据类型	地址	
20		机器人-PLC物料推出	Bool	%M120.0	} PLC3发给PLC1的信号
21		机器人-PLC物料取出	Bool	%M120.1	
22		输入位置1	Bool	%M120.2	
23		输入位置2	Bool	%M120.3	
24		输入位置3	Bool	%M120.4	
25		气缸初始化	Bool	%M120.5	
26		机器人请求物料推出	Bool	%I18.0	} 机器人发给PLC3的输入信号
27		机器人取料完成	Bool	%I18.1	
28		视觉输入位置1	Bool	%I17.5	
29		视觉输入位置2	Bool	%I17.6	
30		视觉输入位置3	Bool	%I17.7	
31		初始化	Bool	%I19.7	
32		物料推出完成机器人	Bool	%M100.0	} PLC3接收PLC1的信号
33		输出位置1	Bool	%M100.1	
34		输出位置2	Bool	%M100.2	
35		输出位置3	Bool	%M100.3	
36		料仓位置反馈1	Bool	%Q16.1	} PLC3发给机器人的输入信号
37		料仓位置反馈2	Bool	%Q16.2	
38		料仓位置反馈3	Bool	%Q16.3	
39		出料完成	Bool	%Q16.0	
40		伺服输入位置1	Bool	%I16.0	} 通过三个开关量信号组成组信号，将位置发送给伺服轴
41		伺服输入位置2	Bool	%I16.1	
42		伺服输入位置3	Bool	%I16.2	
43		伺服到位反馈1	Bool	%Q16.4	} 当伺服轴运动到对应发送位置时，输出由三个开关量组成的组信号
44		伺服到位反馈2	Bool	%Q16.5	
45		伺服到位反馈3	Bool	%Q16.6	

- 机器人发给PLC3的信号映射到发给PLC1的M地址上
- PLC1将信号发给PLC3，并通过PLC3将信号发给机器人
- 机器人接收的组信号与发送的组信号一致，表示伺服已达到该位置

图 12-22　PLC3 中与 PLC1 的交互信号

（8）PLC3 中的伺服控制程序

1）伺服控制 PLC 变量如图 12-23 所示。

行走轴控制

		名称	数据类型	默认值	保持
1	▼	Input			
2		复位	Bool	false	非保持
3		回原点	Bool	false	非保持
4		暂停	Bool	false	非保持
5		手自动	Bool	false	非保持
6		正转	Bool	false	非保持
7		反转	Bool	false	非保持
8		手动去位置1	Bool	false	非保持
9		手动去位置2	Bool	false	非保持
10		手动去位置3	Bool	false	非保持
11		手动去位置4	Bool	false	非保持
12		手动去位置5	Bool	false	非保持
13		手动去位置6	Bool	false	非保持
14		手动去位置7	Bool	false	非保持
15		手动去位置8	Bool	false	非保持
16		手动记录位置1点	Bool	false	非保持
17		手动记录位置2点	Bool	false	非保持
18		手动记录位置3点	Bool	false	非保持
19		手动记录位置4点	Bool	false	非保持
20		手动记录位置5点	Bool	false	非保持
21		手动记录位置6点	Bool	false	非保持
22		手动记录位置7点	Bool	false	非保持
23		手动记录位置8点	Bool	false	非保持
24		机器人触发去位置1	Bool	false	非保持
25		机器人触发去位置2	Bool	false	非保持
26		机器人触发去位置3	Bool	false	非保持
27	▼	Output			
28		伺服电机当前距离	Real	0.0	非保持
29		伺服电机当前速度	Real	0.0	非保持
30		输出位置1	Bool	false	非保持

a)

		名称	数据类型	默认值	保持
31		输出位置2	Bool	false	非保持
32		输出位置3	Bool	false	非保持
33	▼	InOut			
34		伺服回原点完成	Bool	false	非保持
35		自动去位置1	Bool	false	非保持
36		自动去位置2	Bool	false	非保持
37		自动去位置3	Bool	false	非保持
38		自动去位置4	Bool	false	非保持
39		自动去位置5	Bool	false	非保持
40		自动去位置6	Bool	false	非保持
41		自动去位置7	Bool	false	非保持
42		自动去位置8	Bool	false	非保持
43		position_1	Real	0.0	非保持
44		position_2	Real	0.0	非保持
45		position_3	Real	0.0	非保持
46		position_4	Real	0.0	非保持
47		position_5	Real	0.0	非保持
48		position_6	Real	0.0	非保持
49		position_7	Real	0.0	非保持
50		position_8	Real	0.0	非保持
51		到达位置1点	Bool	false	非保持
52		到达位置2点	Bool	false	非保持
53		到达位置3点	Bool	false	非保持
54		到达位置4点	Bool	false	非保持
55		到达位置5点	Bool	false	非保持
56		到达位置6点	Bool	false	非保持
57		到达位置7点	Bool	false	非保持
58		到达位置8点	Bool	false	非保持

b)

图 12-23　伺服控制 PLC 变量

行走轴控制				
		名称	数据类型	默认值	保持
59		▼ Static			
60		回原点_脉冲	Bool	false	非保持
61		回原点_done	Bool	false	非保持
62		error_id_jog	Word	16#0	非保持
63		手动记录位置-_脉冲1	Bool	false	非保持
64		手动记录位置-_脉冲2	Bool	false	非保持
65		手动记录位置-_脉冲3	Bool	false	非保持
66		手动记录位置-_脉冲4	Bool	false	非保持
67		手动记录位置-_脉冲5	Bool	false	非保持
68		手动记录位置-_脉冲6	Bool	false	非保持
69		手动记录位置-_脉冲7	Bool	false	非保持
70		手动记录位置-_脉冲8	Bool	false	非保持
71		error_id_位置1	Word	16#0	非保持
72		error_id_位置2	Word	16#0	非保持
73		error_id_位置3	Word	16#0	非保持
74		error_id_位置4	Word	16#0	非保持
75		error_id_位置5	Word	16#0	非保持
76		error_id_位置6	Word	16#0	非保持
77		error_id_位置7	Word	16#0	非保持
78		error_id_位置8	Word	16#0	非保持

c)

图 12-23　伺服控制 PLC 变量（续）

2）伺服控制程序如图 12-24 所示。

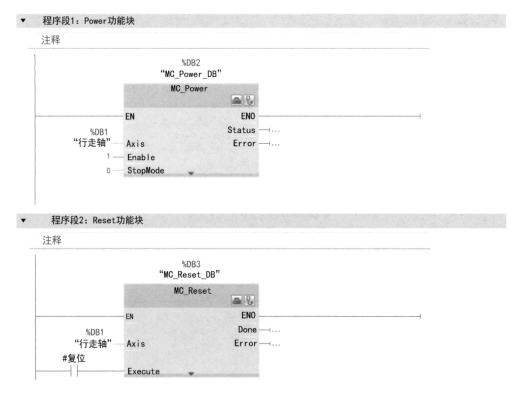

图 12-24　伺服控制程序

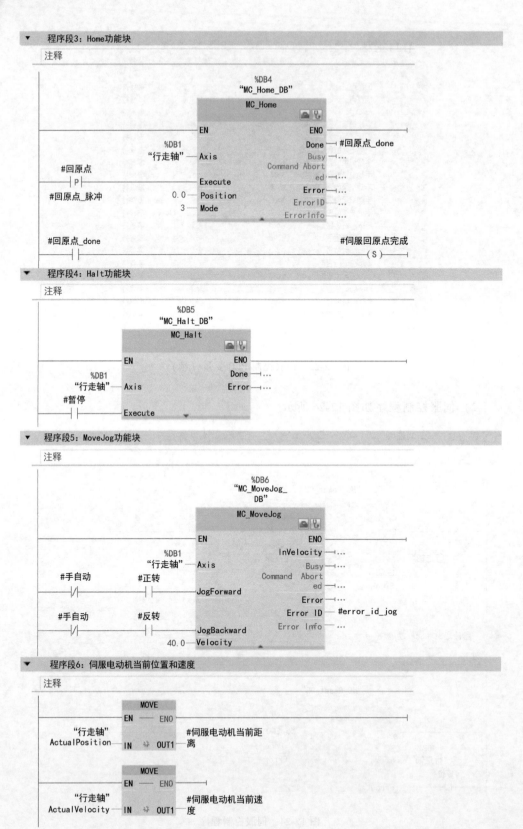

▼ 程序段3：Home功能块

注释

```
                                        %DB4
                                   "MC_Home_DB"
                                      MC_Home
                                                         ENO
                                  EN           Done ─┤ #回原点_done
                      %DB1                     Busy ─┤…
                   "行走轴" ─ Axis      Command Abort
        #回原点                                    ed ─┤…
        ─┤P├─            Execute          Error ─┤…
        #回原点_脉冲      0.0 ─ Position    ErrorID ─┤…
                         3 ─ Mode        ErrorInfo ─┤…
```

```
        #回原点_done                            #伺服回原点完成
        ─┤ ├─                                    ─( S )─
```

▼ 程序段4：Halt功能块

注释

```
                              %DB5
                          "MC_Halt_DB"
                             MC_Halt
                          EN          ENO
             %DB1                     Done ─┤…
          "行走轴" ─ Axis             Error ─┤…
          #暂停
          ─┤ ├─  Execute
```

▼ 程序段5：MoveJog功能块

注释

```
                                     %DB6
                                "MC_MoveJog_
                                     DB"
                                  MC_MoveJog
                              EN                ENO
                 %DB1                       InVelocity ─┤…
              "行走轴" ─ Axis                    Busy ─┤…
       #手自动    #正转           Command  Abort
       ─┤/├─ ─┤ ├─  JogForward              ed ─┤…
                                            Error ─┤…
       #手自动    #反转                    Error ID ─┤ #error_id_jog
       ─┤/├─ ─┤ ├─  JogBackward          Error Info ─┤…
                    40.0 ─ Velocity
```

▼ 程序段6：伺服电动机当前位置和速度

注释

```
               MOVE
            EN ─ ENO
  "行走轴"                      #伺服电动机当前距
  ActualPosition ─ IN  OUT1 ─  离
```

```
               MOVE
            EN ─ ENO
  "行走轴"                      #伺服电动机当前速
  ActualVelocity ─ IN  OUT1 ─  度
```

图 12-24　伺服控

▼ 程序段7: 伺服绝对位置

注释

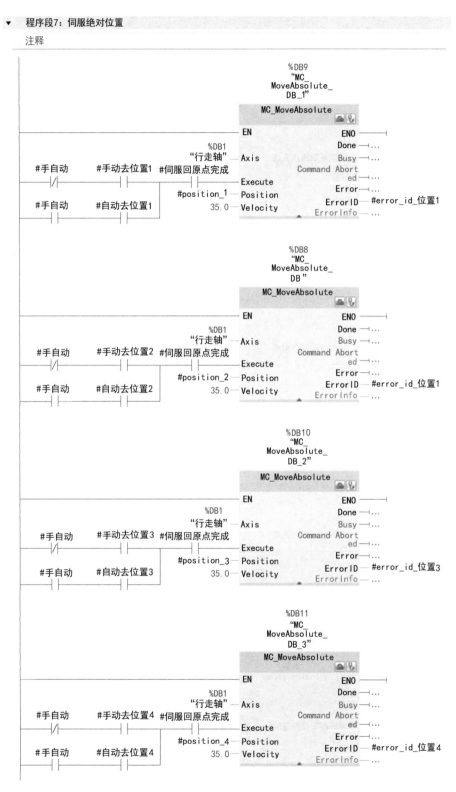

制程序（续）

▼ 程序段8：...

注释

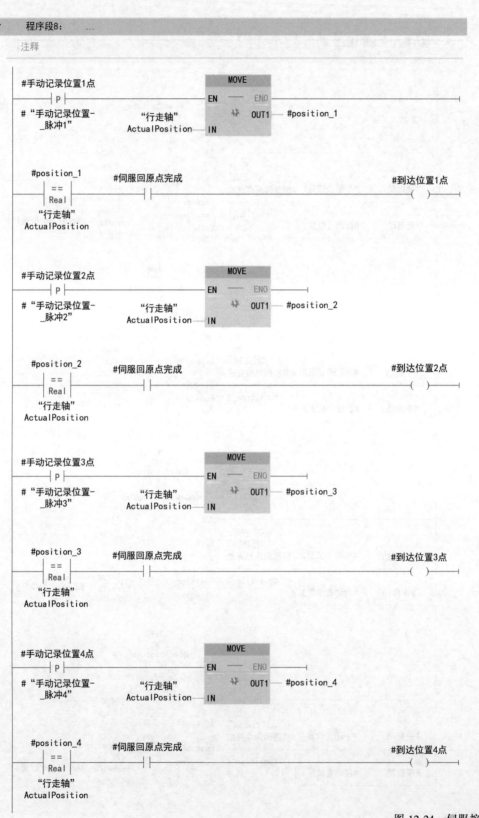

图 12-24　伺服控制

▼ 程序段9：报伺服原点信号丢失，伺服原点复位

注释

#error_id_位置1 == Word
16#8204

#error_id_位置2 == Word
16#8204

#error_id_位置3 == Word
16#8204

#error_id_位置4 == Word
16#8204

#伺服回原点完成 (R)

▼ 程序段10：伺服到位反馈给机器人的组信号输出

注释

#到达位置1点

#到达位置3点

#输出位置1 ( )

#到达位置2点

#到达位置3点

#输出位置2 ( )

#到达位置4点

#输出位置3 ( )

▼ 程序段11：机器人自动触发伺服导轨去位置几

注释

#机器人触发去位置3 #机器人触发去位置2 #机器人触发去位置1 #自动去位置1 ( )

#机器人触发去位置3 #机器人触发去位置2 #机器人触发去位置1 #自动去位置2 ( )

#机器人触发去位置3 #机器人触发去位置2 #机器人触发去位置1 #自动去位置3 ( )

#机器人触发去位置3 #机器人触发去位置2 #机器人触发去位置1 #自动去位置4 ( )

程序（续）

Industrial Robot

4

3）组织块调用 FB 功能块如图 12-25 所示。

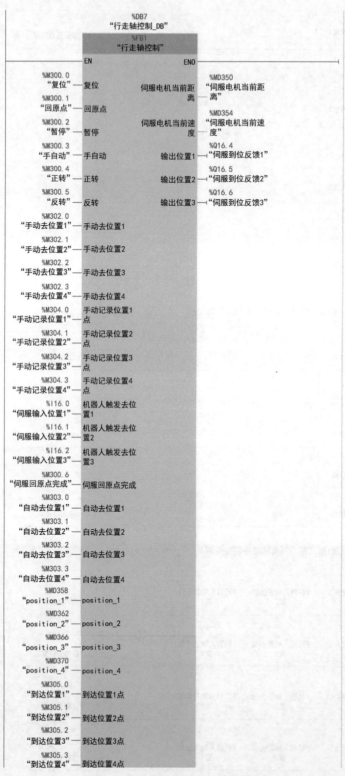

图 12-25　组织块调用 FB 功能块

（9）PLC3 中的 I/O 映射程序（图 12-26）

▼ 程序段2：机器人发送给PLC3，再通过通信发送给PLC1

注释

| %I17.5 | %M120.2 |
| "视觉输入位置1" | "输入位置1" |

| %I17.6 | %M120.3 |
| "视觉输入位置2" | "输入位置2" |

| %I17.7 | %M120.4 |
| "视觉输入位置3" | "输入位置3" |

| %I18.0 | %M120.0 |
| "机器人请求物料推出" | "机器人-PLC物料推出" |

| %I18.1 | %M120.1 |
| "机器人取料完成" | "机器人-PLC物料取出" |

| %I19.7 | %M120.5 |
| "初始化" | "气缸初始化" |

▼ 程序段3：通过通信将PLC1数据发送给PLC3，再映射给机器人的输入点

注释

| %M100.0 | %Q16.0 |
| "物料推出完成-机器人" | "出料完成" |

| %M100.1 | %Q16.1 |
| "输出位置1" | "料仓位置反馈1" |

| %M100.2 | %Q16.2 |
| "输出位置2" | "料仓位置反馈2" |

| %M100.3 | %Q16.3 |
| "输出位置3" | "料仓位置反馈3" |

图 12-26　I/O 映射程序

（10）PLC3 中的通信程序（图 12-27）

4. WinCC 画面

WinCC 画面显示仓储单元中轮毂与指示灯状态，执行单元中机器人在伺服轴的位置、伺服轴控制按钮，分拣单元状态灯，如图 12-28 所示。

▼ 程序段1：PLC3接收PLC1的数据类型

注释

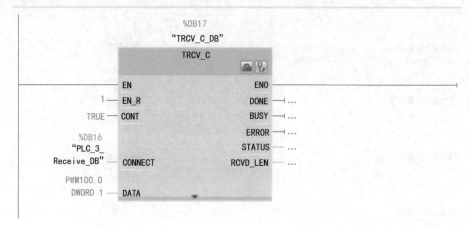

▼ 程序段2：PLC3发送给PLC1的数据类型

注释

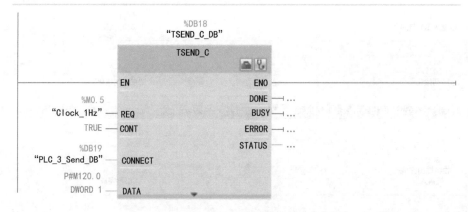

图 12-27   PLC3 中的通信程序

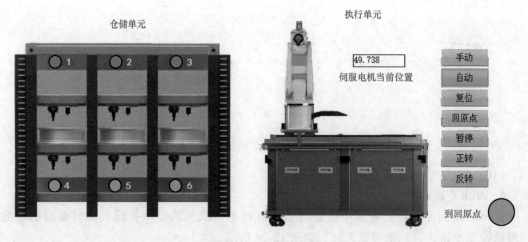

图 12-28   WinCC 画面

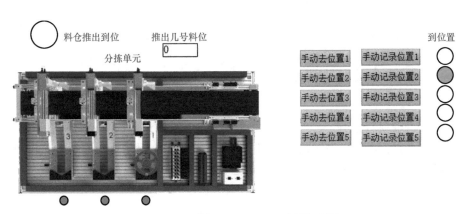

图 12-28 WinCC 画面（续）

【知识拓展】

知识延伸：在实际生产中，操作人员无法修改一些关键参数，只能由管理人员输入正确密码后进行修改。查阅资料，简述给 WinCC 画面设置密码的方法。

Industrial Robot

ROBOT
项目5 项目系统集成与调试

前面四个项目介绍了项目规划、项目仿真、通信方式、PLC 编程、WinCC 画面操作以及工业机器人编程等内容，本项目需要综合运用前面所学的知识，对整个工作站的工作任务进行分析和编程规划，实现系统集成，并完成调试运行。

任务 13 轮毂加工打磨流程控制实训

【任务描述】

本任务以图 13-1 所示的总控单元、执行单元、工具单元、仓储单元、加工单元及打磨单元为硬件基础，通过各单元之间的通信实现交互，最终实现产品的加工与打磨。

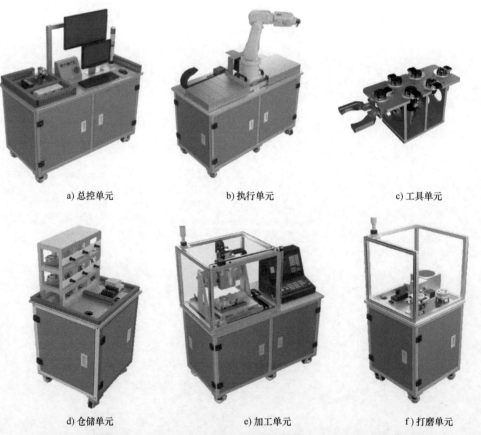

a) 总控单元　　　　　　　　b) 执行单元　　　　　　　　c) 工具单元

d) 仓储单元　　　　　　　　e) 加工单元　　　　　　　　f) 打磨单元

图 13-1　总控单元、执行单元、工具单元、仓储单元、加工单元及打磨单元

任务流程：工业机器人取工具→PLC 检测仓位有料与否→按顺序推出轮毂→机器人抓取轮毂→将轮毂放至加工单元→模拟加工→取出轮毂→将轮毂放到打磨单元→对轮毂进行打磨、吹屑→将轮毂放到打磨单元翻转位。

【任务实施】

1. 机器人程序解析

（1）程序流程图　任务以初始化程序开始，先取工具，再取轮毂，然后将轮毂放到加工工位进行模拟加工；加工完成后，将轮毂放至打磨工位打磨，打磨完成后搬运至吹气工位吹气；最后将轮毂放到指定位置，将工具放回，结束程序，如图 13-2 所示。

（2）初始化程序

```
PROC rInitialize()
    HubNum：=0；！仓位寄存器初始化
    Set QuickChange；！快换信号初始化
    Set VacB_1；！夹爪信号初始化
    Reset RequestGetHub；！请求取轮毂信号初始化
    Reset RequestCNC；！请求放入 CNC 信号初始化
    Reset RequestPutHub；！请求放入打磨工位信号初始化
    Reset PutHubCNC；！放入 CNC 完成信号初始化
    Reset GetHubCNC；！CNC 取轮毂完成信号初始化
    Reset PutHubArrive；！打磨工位放轮毂完成信号初始化
    Reset PolishFinish；！打磨完成信号初始化
    Reset RequestBlow；！请求吹气信号初始化
    Set Initia；！气缸状态初始化
    WaitTime 1；
    Reset Initia；
    AccSet 50，80；！速度及加速度设定
    VelSet 80，1000；
ENDPROC
```

图 13-2　程序流程图

（3）主程序

```
PROC Main()
    rInitialize；！初始化程序调用
    WHILE TRUE DO
        MoveAbsJ Home\NoEOffs,v1000,fine,tool0；！回原点
        rServo 1；！到达伺服位置 1
        rTool 1,1；！取工具 1
        rServo 2；！到达伺服位置 2
        rRequest；！请求取轮毂
        rGetHubHubNum；！取轮毂
        rServo 3；！到达伺服位置 3
        rCNC；！CNC 加工
        rPutHalfProduct；！放半成品至打磨工位
        rServo 1；！到达伺服位置 1
        rTool 0,1；！放工具 1
```

```
        rTool 1,2;!  取工具 2
        rServo 3;!  到达伺服位置 3
        rPolish;!  打磨
        rServo 1;!  到达伺服位置 1
        rTool 0,2;!  放工具 2
        rTool 1,1;!  取工具 1
        rServo 3;!  到达伺服位置 3
        rGetHalfProduct;!  取打磨半成品
        rBlow;!  吹气
        rPutProduct;!  放置成品
        rServo 1;!  到达伺服位置 1
        rTool 0,1;!  放工具 1
        MoveAbsJ Home\NoEOffs,v1000,fine,tool0;!  回原点
    ENDWHILE
    ENDPROC
```

（4）取、放工具程序

```
PROC rTool(nummotion,numtoolnum)
        MoveJ T_1_Ready,v1000,fine,tool0;!  工具单元准备点
        MoveL Offs(ToolN{toolnum},-120,0,20),v1000,fine,tool0;
        MoveL Offs(ToolN{toolnum},0,0,20),v200,fine,tool0;
        MoveL ToolN{toolnum},v50,fine,tool0;
        rMoodmotion;!  取或放动作
        MoveL Offs(ToolN{toolnum},0,0,20),v200,fine,tool0;
        MoveL Offs(ToolN{toolnum},-120,0,20),v1000,fine,tool0;
        MoveJ T_1_Ready,v1000,fine,tool0;
ENDPROC
```

（5）取、放工具动作程序

```
PROC rMood(num n)
        TEST n
        CASE 0:!  0 为放
            WaitTime 1;
            Set QuickChange;
            WaitTime 1;
        CASE 1:!  1 为取
            WaitTime 1;
            Reset QuickChange;
            WaitTime 1;
        ENDTEST
ENDPROC
```

（6）请求轮毂推出程序

PROC rRequest( )

　　Set RequestGetHub;！请求推出轮毂

　　WaitDI GetHubAllowIn,1;！轮毂到位

　　Reset RequestGetHub;！请求推出轮毂信号复位

　　WaitTime1;

　　HubNum:=GInput(HubN);！记录轮毂仓位

ENDPROC

（7）取轮毂程序

PROC rGetHub(NumN)

　　MoveJ CC_1_Ready,v1000,fine,tool0;！仓储位准备点

　　MoveJ Offs(Hub_N{HubNum},0,0,40),v500,fine,tool0;！推出仓位位置

　　MoveL Hub_N{HubNum},v200,fine,tool0;

　　Reset VacB_1;！夹爪夹紧

　　WaitTime 0.5;

　　MoveL Offs(Hub_N{HubNum},0,0,10),v200,fine,tool0;

　　MoveL Offs(Hub_N{HubNum},0,-120,10),v500,fine,tool0;

　　MoveJ CC_1_Ready,v1000,fine,tool0;

　　Set GetHubFinish;！取轮毂完成

　　WaitTime 1;

　　Reset GetHubFinish;！取轮毂完成信号复位

ENDPROC

（8）轮毂加工程序

PROC rCNC( )

MoveJ CNC_1_Ready,v1000,fine,tool0;！CNC 位准备点 1

　　Set RequestCNC;！请求轮毂放入 CNC

　　WaitDI CNC_AllowIn,1;！轮毂允许放入 CNC

　　Reset RequestCNC;！请求轮毂放入 CNC 信号复位

　　MoveJ CNC_2_Ready,v1000,fine,tool0;！CNC 位准备点 2

　　MoveJ Offs(CNC_IN,0,0,50),v1000,fine,tool0;

　　MoveL CNC_IN,v200,fine,tool0;！CNC 位放置点

　　Set VacB_1;！夹爪松开

　　WaitTime 0.5;

　　MoveL Offs(CNC_IN,0,0,50),v200,fine,tool0;

　　MoveJ CNC_2_Ready,v1000,fine,tool0;

　　MoveJ CNC_1_Ready,v1000,fine,tool0;

　　Set PutHubCNC;！轮毂放置到 CNC 完成

　　WaitDI CNC_Finish,1;！CNC 加工完成

　　Reset PutHubCNC;

```
        MoveJ CNC_2_Ready,v1000,fine,tool0;
        MoveJ Offs(CNC_IN,0,0,50),v1000,fine,tool0;
        MoveL CNC_IN,v200,fine,tool0;
        ReSet VacB_1;! 夹爪夹紧
        WaitTime 0.5;
        MoveL Offs(CNC_IN,0,0,50),v200,fine,tool0;
        MoveJ CNC_2_Ready,v1000,fine,tool0;
        MoveJ CNC_1_Ready,v1000,fine,tool0;
        Set GetHubCNC;! CNC 取轮毂完成
        WaitTime 2;
        Reset GetHubCNC;
ENDPROC
```

（9）半成品轮毂放入打磨工位程序

```
PROC rPutHalfProduct()
        MoveJ DM_1_Ready,v1000,fine,tool0;! 打磨工位准备点
        MoveJ Offs(DM_IN,0,0,200),v1000,fine,tool0;
        MoveL DM_IN,v200,fine,tool0;! 打磨工位放置点
        Set VacB_1;
        WaitTime 0.5;
        MoveL Offs(DM_IN,0,0,200),v200,fine,tool0;
        MoveJ DM_1_Ready,v1000,fine,tool0;
        Set PutHubArrive;! 打磨工位放置完成
ENDPROC
```

（10）轮毂打磨程序

```
PROC rPolish()
        MoveJ DM_1_Ready,v1000,fine,tool0;
        WaitDI ClampArrive,1;! 打磨工位放置位定位完成
        Reset PutHubArrive;
        FOR I FROM 1 TO 3 DO! 设定打磨次数
            MoveL Offs(DM_1_P,0,0,50),v1000,fine,tool0;
            MoveL DM_1_P,v200,fine,tool0;! 打磨工作轨迹
            Set  Vac_2;! 打磨工具开
                WaitTime 1;
            Reset Vac_2;
        ENDFOR
        MoveL Offs(DM_1_P,0,0,50),v200,fine,tool0;
        MoveJ DM_1_Ready,v1000,fine,tool0;
        Set PolishFinish;
ENDPROC
```

5

(11) 取半成品轮毂程序

PROC rGetHalfProduct( )

 MoveJ DM_1_Ready,v1000,fine,tool0;

 WaitDI AllowGetHub,1;! 允许取轮毂信号

 Reset PolishFinish;

 MoveJ Offs(DM_OUT,0,0,50),v1000,fine,tool0;! 打磨工位取轮毂位

 MoveL DM_OUT,v200,fine,tool0;

 WaitTime 0.5;

 Reset VacB_1;! 夹爪夹紧

 WaitTime 0.5;

 MoveL Offs(DM_OUT,0,0,50),v200,fine,tool0;

 MoveJ DM_1_Ready,v1000,fine,tool0;

ENDPROC

(12) 轮毂吹气程序

PROC rBlow( )

 MoveJ DM_2_Ready,v1000,fine,tool0;

 MoveL Offs(DM_2_B,0,0,150),v1000,fine,tool0;

 MoveL Offs(DM_2_B,0,0,50),v1000,fine,tool0;

 MoveL DM_2_B,v200,fine,tool0;

 Set RequestBlow;! 请求吹气信号

 WaitTime 5;

 Reset RequestBlow;

 MoveL Offs(DM_2_B,0,0,50),v200,fine,tool0;

 MoveL Offs(DM_2_B,0,0,150),v1000,fine,tool0;

 MoveJ DM_2_Ready,v1000,fine,tool0;

ENDPROC

(13) 放轮毂程序

PROC rPutProduct( )

 MoveJ DM_2_Ready,v1000,fine,tool0;

 MoveL Offs(DM_PD,0,0,50),v1000,fine,tool0;

 MoveL DM_PD,v200,fine,tool0;! 轮毂放置点

 Set VacB_1;! 夹爪松开

 WaitTime 0.5;

 MoveL Offs(DM_PD,0,0,50),v200,fine,tool0;

 MoveJ DM_2_Ready,v1000,fine,tool0;

 ENDPROC

(14) 伺服位置控制程序

PROC rServo(NumPosition)

 SetGO ServoPosition,Position;! 伺服位置控制组信号

WaitGI

ServoArriveN， Position；！伺服到位信号

ENDPROC

2. 系统组态

根据实现通信需要使用的硬件，在硬件目录中添加相应硬件，并建立网络连接，如图 13-3 所示。

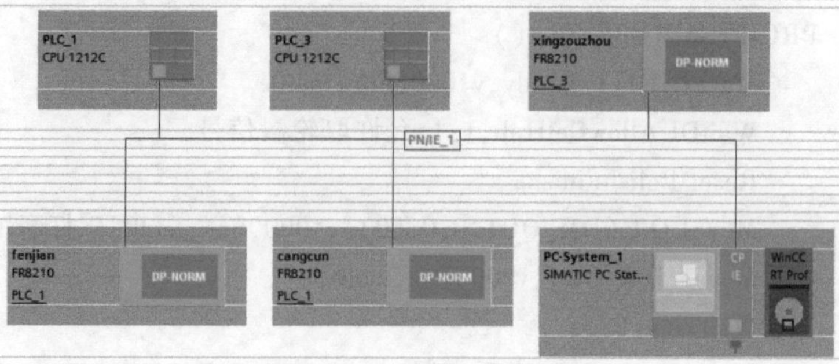

图 13-3　软件预设组态

3. PLC 程序解析

（1）轮毂打磨程序流程图（图 13-4）

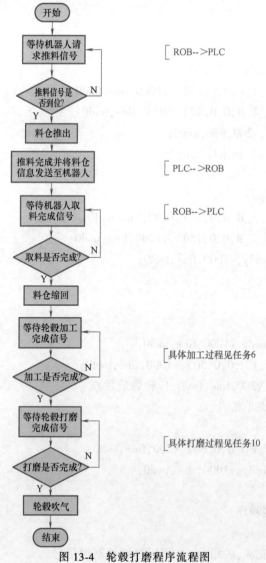

图 13-4　轮毂打磨程序流程图

（2）PLC1 中与 PLC3 之间的交互信号（图 13-5）

10		物料推出完成-机器人	Bool	%M100.0	
11		输出位置1	Bool	%M100.1	
12		输出位置2	Bool	%M100.2	
13		输出位置3	Bool	%M100.3	
14		物料已固定请求机器人打磨物料	Bool	%M101.0	
15		物料翻转完成请求取料吹气	Bool	%M101.1	
16		CNC加工完成给机器人信号	Bool	%M102.0	
17		CNC允许物料放入	Bool	%M102.1	
18		机器人-PLC物料推出	Bool	%M120.0	
19		机器人-PLC物料取出	Bool	%M120.1	
20		气缸初始化	Bool	%M120.5	
21		机器人将物料放入打磨位	Bool	%M121.0	
22		物料打磨完毕请求翻转物料	Bool	%M121.1	
23		打磨完毕的物料请求吹气	Bool	%M121.2	
24		机器人请求门打开	Bool	%M122.0	
25		放料完成请求CNC门关闭	Bool	%M122.1	
26		机器人去料完成	Bool	%M122.2	
27		输出料仓是几号料仓	Byte	%MB105	
28		WinCC画面显示1	Bool	%M105.0	
29		WinCC画面显示2	Bool	%M105.1	
30		WinCC画面显示3	Bool	%M105.2	

PLC1发送PLC3的信号

通过通信程序实现的PLC1与PLC3的数据交换

PLC1接收PLC3的信号

在WinCC画面上显示仓储单元推出几号料仓

图 13-5　PLC1 中与 PLC3 之间的交互信号

（3）仓储单元控制程序（参考任务 12）

（4）PLC1 中打磨单元控制

1）打磨单元 PLC 变量表如图 13-6 所示。

2）打磨单元控制程序如图 13-7 所示。

		名称	数据类型	默认值	保持
1	▼ Input				
2		机器人将物料放入打磨位	Bool	false	非保持
3		物料打磨完毕请求翻转物料	Bool	false	非保持
4		打磨完毕的物料请求吹气	Bool	false	非保持
5		气缸初始位置	Bool	false	非保持
6		放料工位夹具动作	Bool	false	非保持
7		放料工位夹具原位	Bool	false	非保持
8		打磨工位产品检知	Bool	false	非保持
9		旋转工位产品检知	Bool	false	非保持
10		翻转工装夹具原位	Bool	false	非保持
11		翻转工装夹具动作	Bool	false	非保持
12		翻转工装升降原位	Bool	false	非保持
13		翻转工装升降动作	Bool	false	非保持
14		翻转工装翻转原位	Bool	false	非保持
15		翻转工装翻转动作	Bool	false	非保持
16	▼ Output				
17		气缸输出组	Byte	16#0	非保持
18		物料已固定请求机器人打磨物料	Bool	false	非保持
19		物料翻转完成请求取料吹气	Bool	false	非保持
20	▼ InOut				
21		吹气工位	Bool	false	非保持
22	▼ Static				
23		脉冲_1	Bool	false	非保持
24		脉冲_2	Bool	false	非保持
25		机器人将物料放入打磨位_脉冲	Bool	false	非保持
26		翻转工装到打磨工位	Bool	false	非保持
27		翻转工装夹具气缸夹紧	Bool	false	非保持
28		打磨工位气缸松开	Bool	false	非保持
29		翻转工装升降气缸向上动作	Bool	false	非保持
30		翻转工装翻转气缸到左侧	Bool	false	非保持
31		翻转工装升降气缸向下动作	Bool	false	非保持
32		物料到旋转工位夹具松开	Bool	false	非保持
33		吹气保持	Bool	false	非保持

图 13-6　打磨单元 PLC 变量表

Industrial Robot

▼　程序段1：打磨工位初始化

注释

```
#气缸初始位置                        MOVE
    |P|                          EN    ENO
  #脉冲_1                    18 ─ IN ⚡ OUT1 ─── #气缸输出组

                                              #翻转工装到打磨
                                                   工位
                                                  ( R )

                                              #翻转工装夹具气
                                                  缸夹紧
                                                  ( R )

                                              #打磨工位气缸松
                                                    开
                                                  ( R )

                                              #翻转工装升降气
                                                 缸向上动作
                                                  ( R )

                                              #翻转工装翻转气
                                                 缸到左侧
                                                  ( R )

                                              #翻转工装升降气
                                                 缸向下动作
                                                  ( R )

                                              #物料到旋转位夹
                                                  具松开
                                                  ( R )
```

▼　程序段2：机器人已将物料放入打磨工位

注释

```
#机器人将物料放                       MOVE
   入打磨位                         EN    ENO
    |P|                       19 ─ IN ⚡ OUT1 ─── #气缸输出组
#机器人将物料放
 入打磨位_脉冲
```

▼　程序段3：物料已固定请求机器人打磨物料

注释

```
#放料工位夹具动                               #物料已固定请求
     作                                    机器人打磨物料
    | |────────────────────────────────────( )
```

图 13-7　打磨

Industrial Robot

程序段4：物料打磨完毕，翻转物料

注释

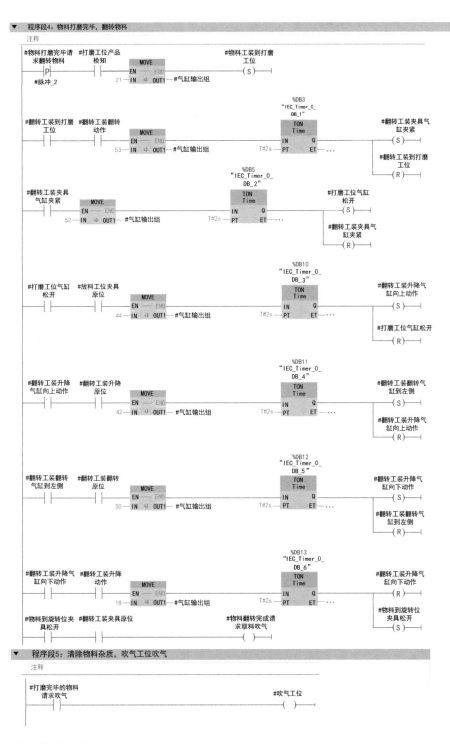

程序段5：清除物料杂质，吹气工位吹气

注释

单元控制程序

3）组织块调用 FB 功能块程序如图 13-8 所示。

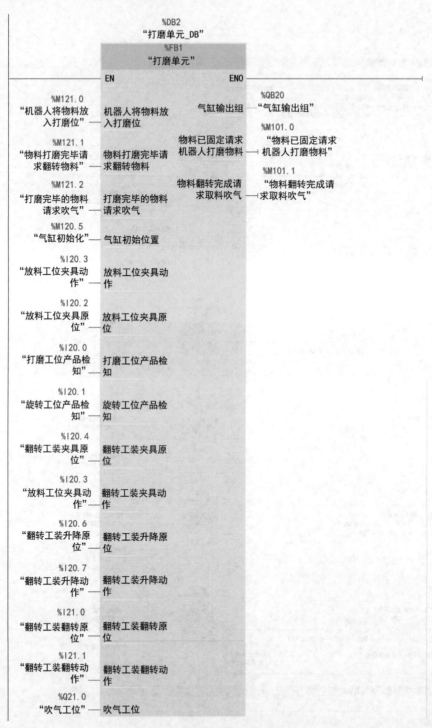

图 13-8　组织块调用 FB 功能块程序

（5）PLC1 中加工单元控制

1）加工单元 PLC 变量表如图 13-9 所示。

打磨流程 ▸ PLC_1 [CPU 1212C DC/DC/DC] ▸ 程序块 ▸ 加工单元 [FB2]

加工单元

	名称	数据类型	默认值	保持
1	▼ Input			
2	安全门1打开	Bool	false	非保持
3	安全门2打开	Bool	false	非保持
4	门打开	Bool	false	非保持
5	放料完成请求门关闭	Bool	false	非保持
6	取料完成	Bool	false	非保持
7	CNC初始化	Bool	false	非保持
8	▼ Output			
9	安全门1	Bool	false	非保持
10	安全门2	Bool	false	非保持
11	cnc允入	Bool	false	非保持
12	▼ InOut			
13	夹爪	Bool	false	非保持
14	加工完成	Bool	false	非保持
15	▼ Static			
16	中间变量	Bool	false	非保持
17	CNC初始化_1	Bool	false	非保持

图 13-9　加工单元 PLC 变量表

2）加工单元控制程序如图 13-10 所示。

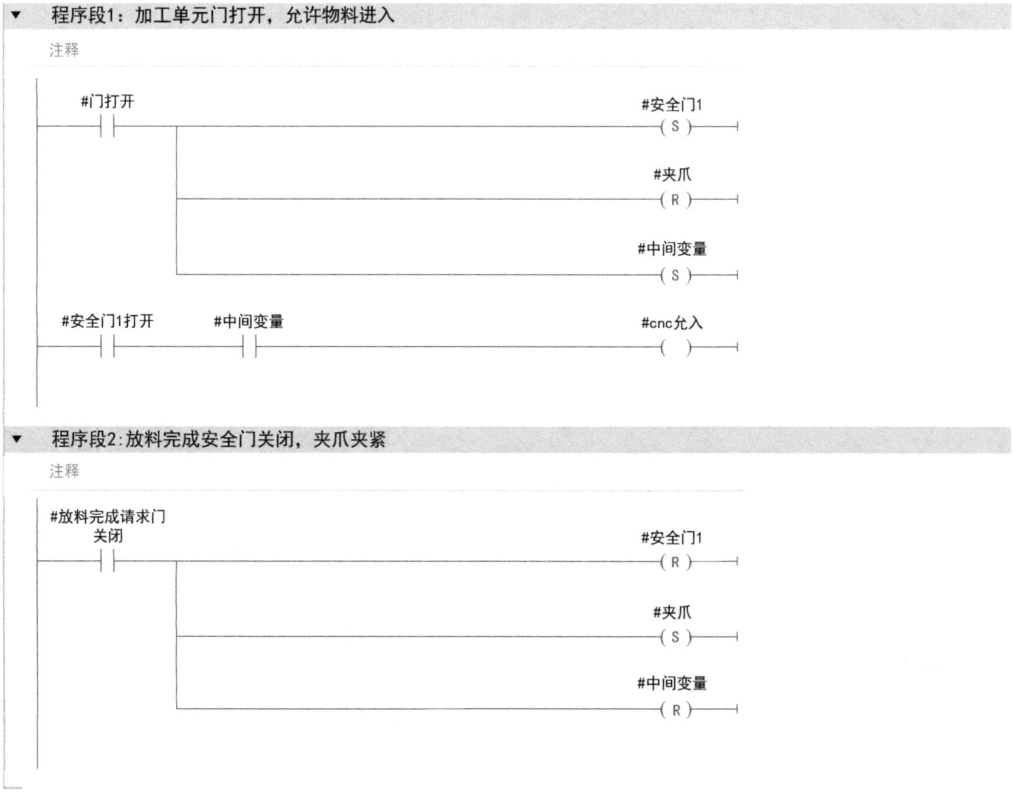

图 13-10　加工单元控制程序

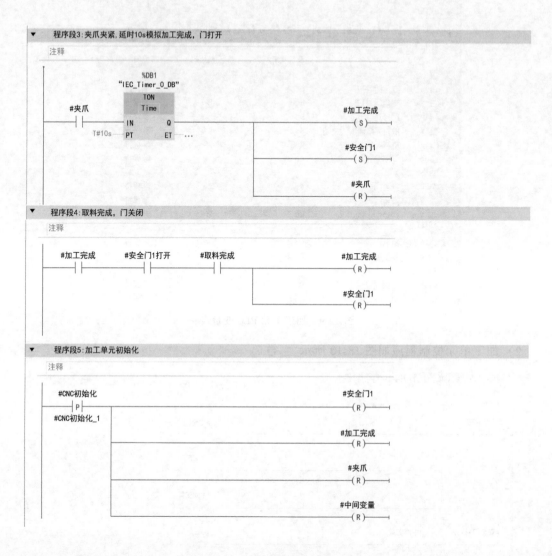

图 13-10　加工单元控制程序（续）

（6）伺服控制程序（参考任务 12）

1）PLC3 中与 PLC1 的交互信号如图 13-11 所示。

2）PLC3 中的 I/O 映射如图 13-12 所示。

（7）通信程序（参考任务 12）

4. WinCC 画面

WinCC 画面显示仓储单元中轮毂与指示灯状态、执行单元中机器人在伺服轴的位置、伺服轴控制按钮和打磨单元状态，如图 13-13 所示。

20	机器人-PLC物料推出	Bool	%M120.0
21	机器人-PLC物料取出	Bool	%M120.1
22	气缸初始化	Bool	%M120.5
23	机器人将物料放入打磨位	Bool	%M121.0
24	物料打磨完毕请求翻转物料	Bool	%M121.1
25	打磨完毕的物料请求吹气	Bool	%M121.2
26	机器人请求门打开	Bool	%M122.0
27	放料完成请求CNC门关闭	Bool	%M122.1
28	机器人CNC取料完成	Bool	%M122.2
29	机器人请求物料推出	Bool	%I18.0
30	机器人取料完成	Bool	%I18.1
31	请求放入CNC	Bool	%I18.2
32	CNC放料完成	Bool	%I18.3
33	CNC取料完成	Bool	%I18.4
34	打磨站放入完成	Bool	%I18.6
35	打磨完成请求翻转	Bool	%I18.7
36	机器人请求吹气	Bool	%I19.1
37	初始化	Bool	%I19.7
38	物料推出完成-机器人	Bool	%M100.0
39	输出位置1	Bool	%M100.1
40	输出位置2	Bool	%M100.2
41	输出位置3	Bool	%M100.3
42	物料已固定请求机器人打磨物料	Bool	%M101.0
43	物料翻转完成请求取料吹气	Bool	%M101.1
44	CNC加工完成给机器人信号	Bool	%M102.0
45	CNC允许物料放入	Bool	%M102.1
46	出料完成	Bool	%Q16.0
47	料仓位置反馈1	Bool	%Q16.1
48	料仓位置反馈2	Bool	%Q16.2
49	料仓位置反馈3	Bool	%Q16.3
50	CNC允入	Bool	%Q16.7
51	CNC加工完成	Bool	%Q17.0
52	打磨物料已固定	Bool	%Q17.2
53	允许取料吹气	Bool	%Q17.4
54	伺服输入位置1	Bool	%I16.0
55	伺服输入位置2	Bool	%I16.1
56	伺服输入位置3	Bool	%I16.2
57	伺服到位反馈1	Bool	%Q16.4
58	伺服到位反馈2	Bool	%Q16.5
59	伺服到位反馈3	Bool	%Q16.6

PLC3发给PLC1的信号

机器人发给PLC3的输入信号

PLC3接收PLC1的信号

PLC3发给机器人的输入信号

由三个开关量信号组成组信号，将位置发送给伺服轴

当伺服轴运动到对应发送位置时，输出由三个开关量组成的组信号

机器人发给PLC3的信号映射到发给PLC1的M地址上

PLC1将信号发给PLC3并通过PLC3发送给机器人

机器人接收的组信号与发送的组信号一致，表示伺服已到达该位置

图 13-11　PLC3 中与 PLC1 的交互信号

▼　程序段2:机器人发送数据给PLC3再通过通信发给PLC1

注释

```
   %I18.0                                              %M120.0
"机器人请求物料                                        "机器人
   推出"                                              PLC物料推出"
   ─┤├─                                                ─( )─

   %I18.1                                              %M120.1
"机器人取料完成"                                       "机器人-
   ─┤├─                                               PLC物料取出"
                                                        ─( )─

   %I19.7                                              %M120.5
   "初始化"                                            "气缸初始化"
   ─┤├─                                                ─( )─

   %I18.2                                              %M122.0
"请求放入CNC"                                          "机器人请求门
   ─┤├─                                                  打开"
                                                        ─( )─
```

图 13-12　PLC3 中的 I/O 映射

```
   %I18.3                                                   %M122.1
 "CNC放料完成"                                          "放料完成请求CNC
                                                             门关闭"
 ──┤├──                                                     ──( )──


   %I18.4                                                   %M122.2
 "CNC取料完成"                                          "机器人CNC取料
                                                             完成"
 ──┤├──                                                     ──( )──


   %I18.6                                                   %M121.0
 "打磨站放入完成"                                       "机器人将物料放
                                                             入打磨位"
 ──┤├──                                                     ──( )──


   %I18.7                                                   %M121.1
 "打磨完成请求                                          "物料打磨完毕请
   翻转"                                                   求翻转物料"
 ──┤├──                                                     ──( )──


   %I19.1                                                   %M121.2
 "机器人请求吹气"                                       "打磨完毕的物料
                                                             请求吹气"
 ──┤├──                                                     ──( )──


   %M102.0                                                  %Q17.0
 "CNC加工完成给                                        "CNC加工完成"
   机器人信号"
 ──┤├──                                                     ──( )──


   %M101.0                                                  %Q17.2
 "物料已固定请求                                        "打磨物料已固定"
   机器人打磨物料"
 ──┤├──                                                     ──( )──


   %M101.1                                                  %Q17.4
 "物料翻转完成请                                        "允许取料吹气"
   求取料吹气"
 ──┤├──                                                     ──( )──
```

▼ 程序段3:PLC1通过通信传给PLC3再输出给机器人

注释

```
   %M100.0                                                  %Q16.0
 "物料推出完成-                                        "出料完成"
   机器人"
 ──┤├──                                                     ──( )──


   %M100.1                                                  %Q16.1
 "输出位置1"                                            "料仓位置反馈1"
 ──┤├──                                                     ──( )──


   %M100.2                                                  %Q16.2
 "输出位置2"                                            "料仓位置反馈2"
 ──┤├──                                                     ──( )──


   %M100.3                                                  %Q16.3
 "输出位置3"                                            "料仓位置反馈3"
 ──┤├──                                                     ──( )──


   %M102.1                                                  %Q16.7
 "CNC允许物料放入"                                      "CNC允入"
 ──┤├──                                                     ──( )──
```

图 13-12　PLC3 中的 I/O 映射（续）

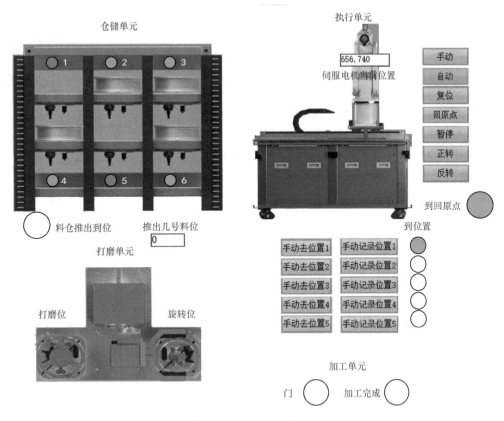

图 13-13　WinCC 画面

任务 14　智能化轮毂生产加工产线集成调控实训

【任务描述】

本任务为整体产线联调，通过通信网络实现各单元之间的交互，最终实现轮毂产品的加工、打磨、检测和分拣入库流程。

任务流程：工业机器人取工具→PLC 检测仓位有料与否→按顺序推出轮毂→机器人抓取轮毂→将轮毂放至加工单元→模拟加工→并取出轮毂→将轮毂放至打磨单元→对轮毂进行打磨、吹屑→到达检测单元，检测轮毂上的条形码信息→将轮毂放至分拣单元放料位，如果轮毂上扫出的二维码是 0001 或 0002，则放到 1 号库；如果是 0003 或 0004，则放到 2 号库；如果是 0005 或 0006，则放到 3 号库。

根据机器人工作范围，自行设计单元布局，实现完整流程，如图 14-1 所示。

图 14-1　单元布局示例

【任务实施】

1. 机器人程序解析

（1）程序流程图　任务以初始化程序开始，先取工具，再取轮毂，然后将轮毂放至加工工位进行模拟加工；加工完成后，将轮毂放至打磨工位，对轮毂进行打磨、吹屑；接着到达检测单元，检测轮毂上的条形码信息；将轮毂放至分拣单元放料位，扫出的二维码为 0001 或 0002 时放入 1 号库，0003或 0004 放入 2 号库，0005 或 0006 放入 3 号库；最后将工具放回，结束程序，如图 14-2 所示。

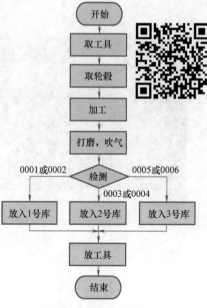

图 14-2　程序流程图

（2）初始化程序

PROC rInitialize( )

  HubNum：=0；！仓位寄存器初始化

  Set QuickChange；！快换信号初始化

  Set VacB_1；！夹爪信号初始化

  Reset RequestGetHub；！请求取轮毂信号初始化

  Reset RequestCNC；！请求放入 CNC 信号初始化

  Reset RequestPutHub；！请求放入打磨工位信号初始化

  Reset PutHubCNC；！放入 CNC 完成信号初始化

  Reset GetHubCNC；！CNC 取轮毂完成信号初始化

  Reset PutHubArrive；！打磨工位放轮毂完成信号初始化

  Reset PolishFinish；！打磨完成信号初始化

  Reset RequestBlow；！请求吹气信号初始化

  Set Initia；！气缸状态初始化

  WaitTime 1；

  Reset Initia；

  AccSet 50，80；！速度及加速度设定

  VelSet 80，1000；

ENDPROC

（3）主程序

PROC Main( )

  rInitialize；！初始化程序调用

  WHILE TRUE DO

    MoveAbsJ Home\NoEOffs，v1000，fine，tool0；！回原点

    rServo 1；！到达伺服位置 1

    rTool 1，1；！取工具 1

    rServo 2；！到达伺服位置 2

    rRequest；！请求取轮毂

```
        rGetHubHubNum;! 取轮毂
        rServo 3;! 到达伺服位置 3
        rCNC;! CNC 加工
        rPutHalfProduct;! 放置半成品至打磨工位
        rServo 1;! 到达伺服位置 1
        rTool 0,1;! 放工具 1
        rTool 1,2;! 取工具 2
        rServo 3;! 到达伺服位置 3
        rPolish;! 打磨
        rServo 1;! 到达伺服位置 1
        rTool 0,2;! 放工具 2
        rTool 1,1;! 取工具 1
        rServo 3;! 到达伺服位置 3
        rGetHalfProduct;! 取打磨半成品
        rBlow;! 吹气
        rServo 4;! 到达伺服位置 4
        rCCD;! 视觉检测
        rServo 3;! 到达伺服位置 3
        rSort;! 轮毂分拣
        rServo 1;! 到达伺服位置 1
        rTool 0,1;! 放工具 1
        MoveAbsJ Home\NoEOffs,v1000,fine,tool0;! 回原点
    ENDWHILE
ENDPROC
```

（4）取、放工具程序

```
PROC rTool(nummotion,numtoolnum)
    MoveJ T_1_Ready,v1000,fine,tool0;! 工具单元准备点
    MoveL Offs(ToolN{toolnum},-120,0,20),v1000,fine,tool0;
    MoveL Offs(ToolN{toolnum},0,0,20),v200,fine,tool0;
    MoveL ToolN{toolnum},v50,fine,tool0;
    rMoodmotion;! 取或放动作
    MoveL Offs(ToolN{toolnum},0,0,20),v200,fine,tool0;
    MoveL Offs(ToolN{toolnum},-120,0,20),v1000,fine,tool0;
    MoveJ T_1_Ready,v1000,fine,tool0;
ENDPROC
```

（5）取、放工具动作程序

```
PROC rMood(num n)
    TEST n
    CASE 0:! 0 为放
```

```
        WaitTime 1;
        Set QuickChange;
        WaitTime 1;
    CASE 1:! 1 为取
        WaitTime 1;
        Reset QuickChange;
        WaitTime 1;
    ENDTEST
ENDPROC
```

（6）请求轮毂推出程序

```
PROC rRequest()
    Set RequestGetHub;! 请求推出轮毂
    WaitDI GetHubAllowIn,1;! 轮毂到位
    Reset RequestGetHub;! 请求推出轮毂信号复位
    WaitTime 1;
    HubNum:=GInput(HubN);! 记录轮毂仓位
ENDPROC
```

（7）取轮毂程序

```
PROC rGetHub(NumN)
    MoveJ CC_1_Ready,v1000,fine,tool0;! 仓储工位准备点
    MoveJ Offs(Hub_N{HubNum},0,0,40),v500,fine,tool0;! 推出仓位位置
    MoveL Hub_N{HubNum},v200,fine,tool0;
    Reset VacB_1;! 夹爪夹紧
    WaitTime 0.5;
    MoveL Offs(Hub_N{HubNum},0,0,10),v200,fine,tool0;
    MoveL Offs(Hub_N{HubNum},0,-120,10),v500,fine,tool0;
    MoveJ CC_1_Ready,v1000,fine,tool0;
    Set GetHubFinish;! 取轮毂完成
    WaitTime 1;
    Reset GetHubFinish;! 取轮毂完成信号复位
ENDPROC
```

（8）轮毂加工程序

```
PROC rCNC()
    MoveJ CNC_1_Ready,v1000,fine,tool0;! CNC 位准备点 1
    Set RequestCNC;! 请求轮毂放入 CNC
    WaitDI CNC_AllowIn,1;! 允许轮毂放入 CNC
    Reset RequestCNC;! 请求轮毂放入 CNC 信号复位
    MoveJ CNC_2_Ready,v1000,fine,tool0;! CNC 位准备点 2
    MoveJ Offs(CNC_IN,0,0,50),v1000,fine,tool0;
```

```
MoveL CNC_IN,v200,fine,tool0;! CNC 位放置点
Set VacB_1;! 夹爪松开
WaitTime 0.5;
MoveL Offs(CNC_IN,0,0,50),v200,fine,tool0;
MoveJ CNC_2_Ready,v1000,fine,tool0;
MoveJ CNC_1_Ready,v1000,fine,tool0;
Set PutHubCNC;! 轮毂放至 CNC 完成
WaitDI CNC_Finish,1;! CNC 加工完成
Reset PutHubCNC;
MoveJ CNC_2_Ready,v1000,fine,tool0;
MoveJ Offs(CNC_IN,0,0,50),v1000,fine,tool0;
MoveL CNC_IN,v200,fine,tool0;
Reset VacB_1;! 夹爪夹紧
WaitTime 0.5;
MoveL Offs(CNC_IN,0,0,50),v200,fine,tool0;
MoveJ CNC_2_Ready,v1000,fine,tool0;
MoveJ CNC_1_Ready,v1000,fine,tool0;
Set GetHubCNC;! CNC 取轮毂完成
WaitTime 2;
Reset GetHubCNC;
ENDPROC
```

(9) 半成品轮毂放入打磨工位程序

```
PROC rPutHalfProduct()
    MoveJ DM_1_Ready,v1000,fine,tool0;! 打磨工位准备点
    MoveJ Offs(DM_IN,0,0,200),v1000,fine,tool0;
    MoveL DM_IN,v200,fine,tool0;! 打磨工位放置点
    Set VacB_1;
    WaitTime 0.5;
    MoveL Offs(DM_IN,0,0,200),v200,fine,tool0;
    MoveJ DM_1_Ready,v1000,fine,tool0;
    Set PutHubArrive;! 打磨工位放置完成
ENDPROC
```

(10) 轮毂打磨程序

```
PROC rPolish()
    MoveJ DM_1_Ready,v1000,fine,tool0;
    WaitDI ClampArrive,1;! 打磨工位放置位定位完成
    Reset PutHubArrive;
    FOR I FROM 1 TO 3 DO! 设定打磨次数
        MoveL Offs(DM_1_P,0,0,50),v1000,fine,tool0;
```

```
        MoveL DM_1_P,v200,fine,tool0;!  打磨工作轨迹
        Set Vac_2;!  打磨工具开
           WaitTime 1;
           Reset Vac_2;
      ENDFOR
      MoveL Offs(DM_1_P,0,0,50),v200,fine,tool0;
      MoveJ DM_1_Ready,v1000,fine,tool0;
      Set PolishFinish;
ENDPROC
```

（11）取半成品轮毂程序

```
PROC rGetHalfProduct()
      MoveJ DM_1_Ready,v1000,fine,tool0;
      WaitDI AllowGetHub,1;!  允许取轮毂信号
      Reset PolishFinish;
      MoveJ Offs(DM_OUT,0,0,50),v1000,fine,tool0;!  打磨工位取轮毂位
      MoveL DM_OUT,v200,fine,tool0;
      WaitTime 0.5;
      Reset VacB_1;!  夹爪夹紧
      WaitTime 0.5;
      MoveL Offs(DM_OUT,0,0,50),v200,fine,tool0;
      MoveJ DM_1_Ready,v1000,fine,tool0;
ENDPROC
```

（12）轮毂吹气程序

```
PROC rBlow()
      MoveJ DM_2_Ready,v1000,fine,tool0;
      MoveL Offs(DM_2_B,0,0,150),v1000,fine,tool0;
      MoveL Offs(DM_2_B,0,0,50),v1000,fine,tool0;
      MoveL DM_2_B,v200,fine,tool0;
      Set RequestBlow;!  请求吹气信号
      WaitTime 5;
      Reset RequestBlow;
      MoveL Offs(DM_2_B,0,0,50),v200,fine,tool0;
      MoveL Offs(DM_2_B,0,0,150),v1000,fine,tool0;
      MoveJ DM_2_Ready,v1000,fine,tool0;
ENDPROC
```

（13）轮毂检测程序

```
PROC rCCD()
      MoveJ V_1_Ready,v1000,fine,tool0;!  检测工位准备点
      MoveL Offs(V_N{HubNum},0,0,100),v1000,fine,tool0;!  视觉检测位置
```

```
        MoveL V_N{HubNum},v1000,fine,tool0;
        WaitTime 0. 5;
        rCamera;! 拍照检测
        MoveL Offs(V_N{HubNum},0,0,100),v1000,fine,tool0;
        MoveJ V_1_Ready,v1000,fine,tool0;
ENDPROC
```

（14）视觉控制程序

```
PROC rCamera()
        TPErase;
        SocketClose socket_ccd;
        SocketCreate socket_ccd;
        SocketConnect socket_ccd,IP,port\Time:=60;! Socket 通信连接
        TPWrite "socket client initial ok";
        WaitTime 0. 2;
        SocketSend socket_ccd\Str:="SCNGROUP1";! 场景组控制
        WaitTime 0. 2;
        SocketSend socket_ccd\Str:="SCENE1";! 场景控制
        WaitTime 0. 2;
        SocketSend socket_ccd\Str:="M";! 拍照控制
        WaitTime0. 2;
        SocketReceive socket_ccd\Str:=ph_result\Time:=60;! 检测结果接收
        TPWrite ph_result;
        STR_Result:=StrPart(ph_result,10,4);! 字符提取处理
        IF STR_Result=STR1 OR STR_Result=STR2 THEN! 检测结果处理
            SetGO MES,1;
            WaitTime 1;
            SetGO MES,0;
        ELSEIF STR_Result=STR3 OR STR_Result=STR4 THEN
            SetGO MES,2;
            WaitTime 1;
            SetGO MES,0;
        ELSEIF STR_Result=STR5 OR STR_Result=STR6 THEN
            SetGO MES,3;
            WaitTime 1;
            SetGO MES,0;
        ENDIF
        SocketClose socket_ccd;
ENDPROC
```

（15）轮毂分拣程序

```
PROC rSort( )
    MoveJ S_1_Ready,v1000,fine,tool0;
    MoveL Offs( S_In,0,0,100) ,v500,fine,tool0;
    MoveL S_In,v200,fine,tool0;
    Set VacB_1;
    WaitTime 0.5;
    MoveL Offs( S_In,0,0,100) ,v500,fine,tool0;
    MoveJ S_1_Ready,v1000,fine,tool0;
ENDPROC
```

（16）伺服位置控制程序

```
PROC rServo( NumPosition)
    SetGO ServoPosition,Position;！伺服位置控制组信号
    WaitGI ServoArriveN,Position;！伺服到位信号
ENDPROC
```

2. 系统组态

根据实现通信需要使用的硬件，在硬件目录中添加相应硬件，并建立网络连接，如图 14-3 所示。

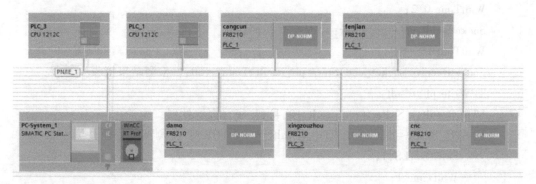

图 14-3　软件预设组态

3. PLC 程序解析

（1）完整产线联调程序流程图（图 14-4）

（2）PLC 控制程序（参考任务 12、任务 13）

4. WinCC 画面

WinCC 画面显示仓储单元轮毂与指示灯状态、执行单元机器人在伺服轴的位置、伺服轴控制按钮、加工单元状态、打磨单元状态和分拣单元状态，如图 14-5 所示。

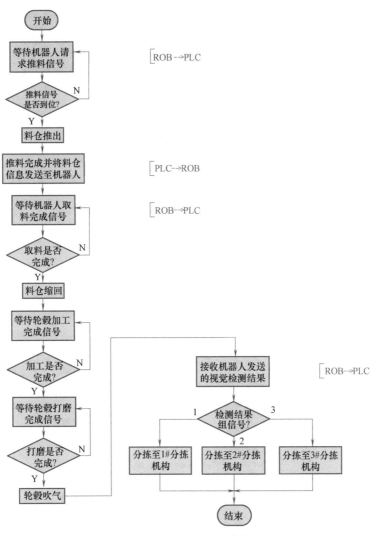

图 14-4 完整产线联调程序流程图

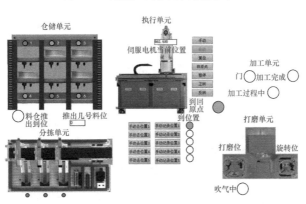

图 14-5 WinCC 画面

ROBOT
附录

附录 A　CHL-DS-11 设备电气接线图

1. 仓储单元信号接线图（图 A-1）

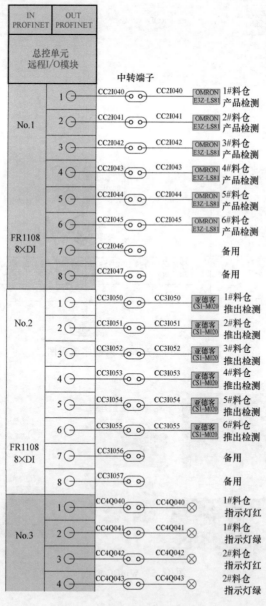

图 A-1　仓储单元信号接线图

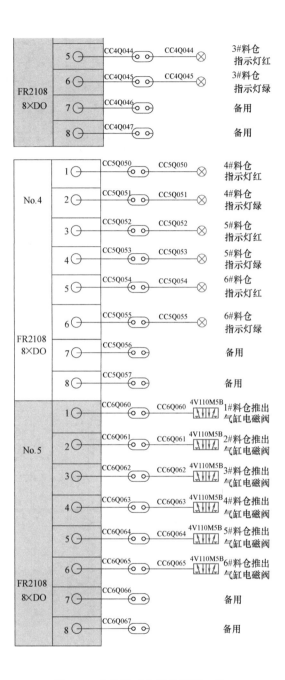

图 A-1　仓储单元信号接线图（续）

2. 执行单元信号分配图（图 A-2）

3. 加工单元信号分配图（图 A-3）

4. 打磨单元信号分配示意图（图 A-4）

5. 分拣单元信号分配示意图（图 A-5）

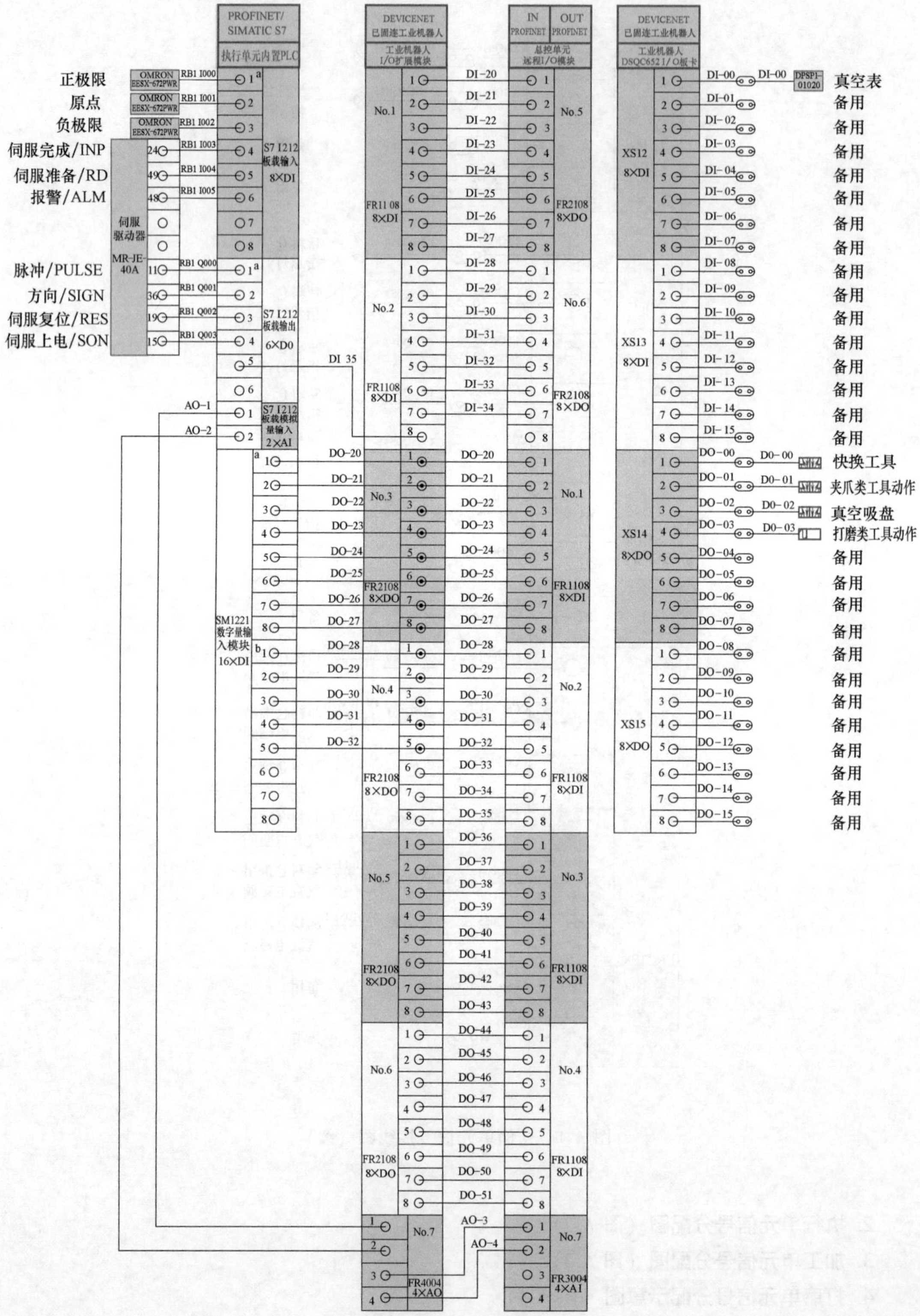

PROFINET/ SIMATIC S7
执行单元内置PLC

DEVICENET 已圈连工业机器人 工业机器人 I/O扩展模块

IN PROFINET OUT PROFINET
总控单元 远程I/O模块

DEVICENET 已圈连工业机器人 工业机器人 DSQC652 I/O板卡

正极限　OMRON EE8X-672PWR　RB1 I000　1 a
原点　OMRON EE8X-672PWR　RB1 I001　2
负极限　OMRON EE8X-672PWR　RB1 I002　3
伺服完成/INP　24　RB1 I003　4
伺服准备/RD　49　RB1 I004　5
报警/ALM　48　RB1 I005　6
　伺服驱动器　7
　8

S7 I212 板载输入 8×DI

脉冲/PULSE　MR-JE 40A　11　RB1 Q000　1 a
方向/SIGN　36　RB1 Q001　2
伺服复位/RES　19　RB1 Q002　3
伺服上电/SON　15　RB1 Q003　4

S7 I212 板载输出 6×DO

5　DI 35
6

AO-1　1
AO-2　2

S7 I212 板载模拟量输入 2×AI

SM1221 数字量输入模块 16×DI

No.1　DI-20, DI-21, DI-22, DI-23, DI-24, DI-25, DI-26, DI-27　FR11 08 8×DI
No.2　DI-28, DI-29, DI-30, DI-31, DI-32, DI-33, DI-34　FR1108 8×DI

No.3　DO-20, DO-21, DO-22, DO-23, DO-24, DO-25, DO-26, DO-27　FR2108 8×DO
No.4　DO-28, DO-29, DO-30, DO-31, DO-32　FR2108 8×DO
No.5　DO-36, DO-37, DO-38, DO-39, DO-40, DO-41, DO-42, DO-43　FR2108 8×DO
No.6　DO-44, DO-45, DO-46, DO-47, DO-48, DO-49, DO-50, DO-51　FR2108 8×DO
No.7　AO-3, AO-4　FR4004 4×AO

No.5　FR2108 8×DO
No.6　FR2108 8×DO
No.1　FR1108 8×DI
No.2　FR1108 8×DI
No.3　FR1108 8×DI
No.4　FR1108 8×DI
No.7　FR3004 4×AI

XS12 8×DI　DI-00, DI-01, DI-02, DI-03, DI-04, DI-05, DI-06, DI-07
XS13 8×DI　DI-08, DI-09, DI-10, DI-11, DI-12, DI-13, DI-14, DI-15
XS14 8×DO　DO-00, DO-01, DO-02, DO-03, DO-04, DO-05, DO-06, DO-07
XS15 8×DO　DO-08, DO-09, DO-10, DO-11, DO-12, DO-13, DO-14, DO-15

DI-00　DPSPI-01020　真空表
DI-01　备用
DI-02　备用
DI-03　备用
DI-04　备用
DI-05　备用
DI-06　备用
DI-07　备用
DI-08　备用
DI-09　备用
DI-10　备用
DI-11　备用
DI-12　备用
DI-13　备用
DI-14　备用
DI-15　备用

DO-00　快换工具
DO-01　夹爪类工具动作
DO-02　真空吸盘
DO-03　打磨类工具动作
DO-04～DO-15　备用

图 A-2　执行单元信号分配图

Industrial Robot

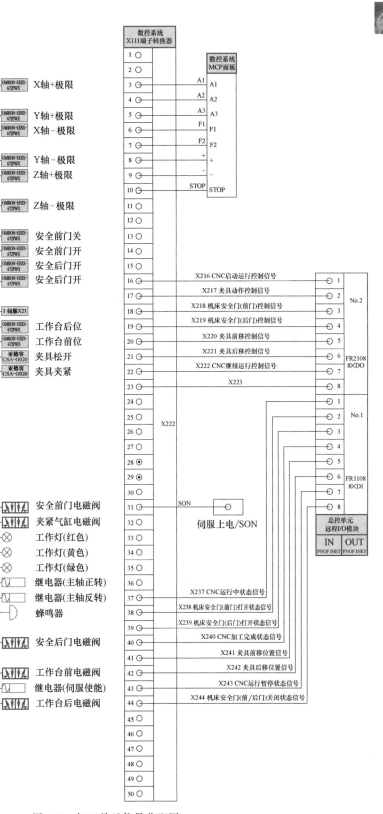

图 A-3 加工单元信号分配图

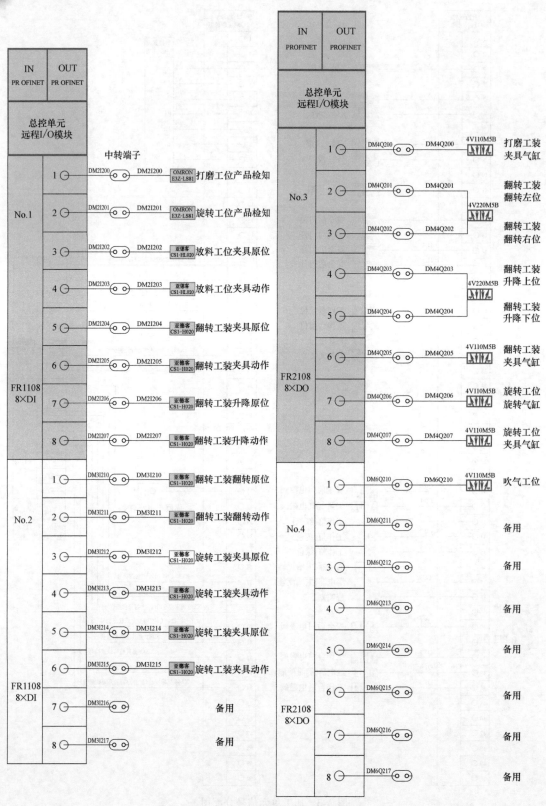

图 A-4 打磨单元信号分配示意图

Industrial Robot

No.1 / FR1108 8×DI（总控单元 远程I/O模块，IN PROFINET / OUT PROFINET）

端子	信号	器件	说明
1	PD2I100	OMRON E3Z-LS81	传送起始产品检知
2	PD2I101	OMRON E3Z-LS81	1#分拣机构产品检知
3	PD2I102	OMRON E3Z-LS81	2#分拣机构产品检知
4	PD2I103	OMRON E3Z-LS81	3#分拣机构产品检知
5	PD2I104	OMRON E3Z-LS81	1#分拣道口产品检知
6	PD2I105	OMRON E3Z-LS81	2#分拣道口产品检知
7	PD2I106	OMRON E3Z-LS81	3#分拣道口产品检知
8	PD2I107	亚德客 CS1-G020	1#分拣机构推出动作

No.2 / FR1108 8×DI

端子	信号	器件	说明
1	PD3I110	亚德客 CS1-E020	1#分拣机构升降动作
2	PD3I111	亚德客 CS1-G020	2#分拣机构推出动作
3	PD3I112	亚德客 CS1-E020	2#分拣机构升降动作
4	PD3I113	亚德客 CS1-G020	3#分拣机构推出动作
5	PD3I114	亚德客 CS1-E020	3#分拣机构升降动作
6	PD3I115	亚德客 CS1-G020	1#分拣道口定位动作
7	PD3I116	亚德客 CS1-G020	2#分拣道口定位动作
8	PD3I117	亚德客 CS1-G020	3#分拣道口定位动作

No.3 / FR1108 8×DI（总控单元 远程I/O模块，IN PROFINET / OUT PROFINET）

端子	信号	器件	说明
1	PD4I120	FR-D720S-0.4K-CHT 变频器	变频器故障
2	PD4I121		备用
3	PD4I122		备用
4	PD4I123		备用
5	PD4I124		备用
6	PD4I125		备用
7	PD4I126		备用
8	PD4I127		备用

No.4 / FR2108 8×DO

端子	信号	器件	说明
1	PD5Q100	4V110M5B	1#分拣机构推出气缸
2	PD5Q101	4V110M5B	1#分拣机构升降气缸
3	PD5Q102	4V110M5B	2#分拣机构推出气缸
4	PD5Q103	4V110M5B	2#分拣机构升降气缸
5	PD5Q104	4V110M5B	3#分拣机构推出气缸
6	PD5Q105	4V110M5B	3#分拣机构升降气缸
7	PD5Q106	4V110M5B	1#分拣道口定位气缸
8	PD5Q107	4V110M5B	2#分拣道口定位气缸

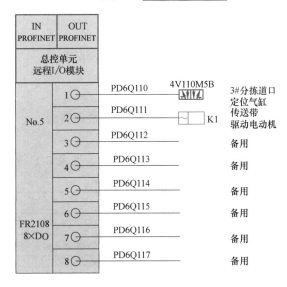

No.5 / FR2108 8×DO（总控单元 远程I/O模块，IN PROFINET / OUT PROFINET）

端子	信号	器件	说明
1	PD6Q110	4V110M5B	3#分拣道口定位气缸
2	PD6Q111	K1	传送带驱动电动机
3	PD6Q112		备用
4	PD6Q113		备用
5	PD6Q114		备用
6	PD6Q115		备用
7	PD6Q116		备用
8	PD6Q117		备用

图 A-5　分拣单元信号分配示意图

6. 总控单元信号分配图 （图 A-6）

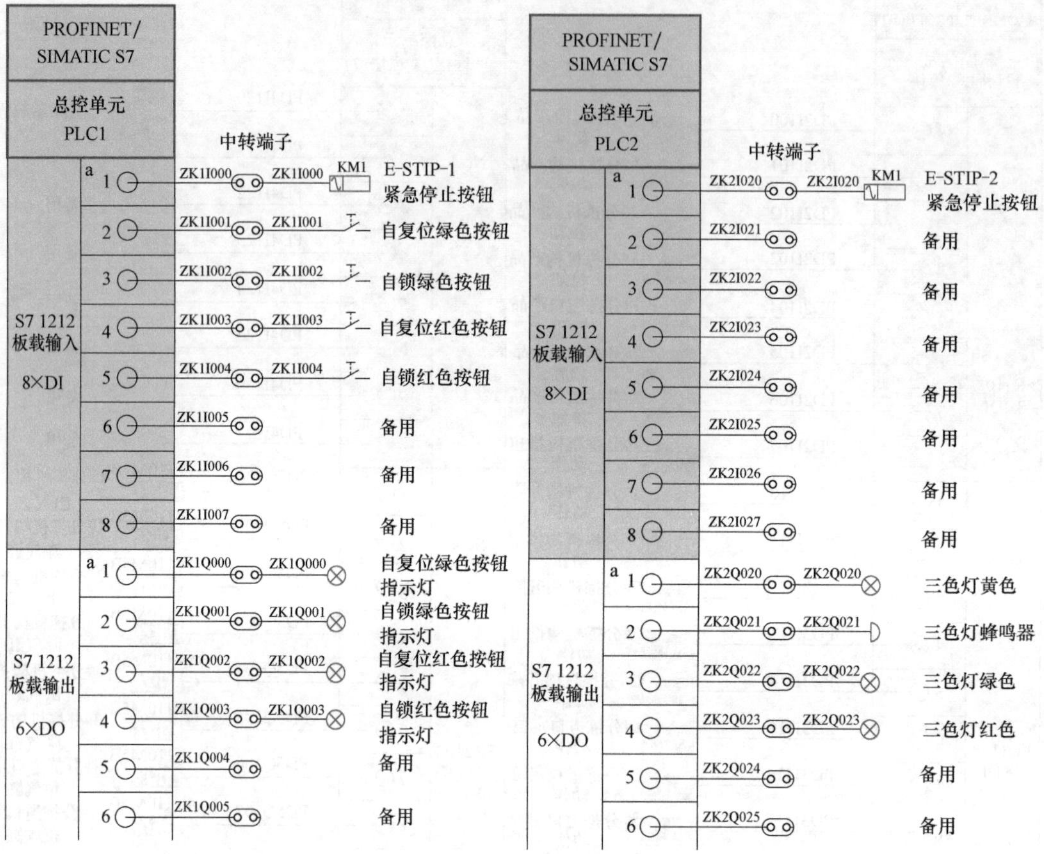

a) PLC1

b) PLC2

图 A-6   总控单元信号分配图

附录 B   串行无协议命令列表

用 ASCII 码输入串行无协议命令，不区分大小写，见表 B-1~表 B-7。

表 B-1   执行命令

命令	缩写	功　　能
BRUNCHSTART	BFU	分支到流程最前面(0 号处理单元)
CLRMEAS	无	清除所有当前场景的测量值
CPYSCENE	CSD	复制场景数据
DATASAVE	无	将系统+场景组数据保存到本体内存
DELSCENE	DSD	删除场景数据
ECHO	EEC	按原样返回外部机器发送的任意字符串
IMAGEFIT	EIF	将显示位置和显示倍率恢复为初始值

（续）

命令	缩写	功 能
IMAGESCROLL	EIS	按指定移动量平行移动图像显示位置
IMAGEZOOM	EIZ	按指定倍率放大/缩小图像显示
MEASURE	M	执行一次测量
		开始连续测量
		结束连续测量
MEASUREUNIT	MTU	执行指定单元的试测量
MOVSCENE	MSD	移动场景数据
REGIMAGE	RID	将指定的图像数据作为登录图像登录
		将指定的登录图像作为测量图像读取
RESET	无	重启控制器
TIMER	TMR	经过指定的等待时间后，执行指定的命令字符串
UPDATEMODEL	UMD	用当前图像重新登录模型数据
USERACCOUNT	UAD	在指定的用户组 ID 中追加用户账户
		删除指定的用户账户

表 B-2 状态获取命令

命令	缩写	功 能
DIPORTCOND	DPC	批量获取 DI 端子状态的 ON/OFF
IMAGEDISPCOND	IDC	获取指定图像显示窗口的图像模式
IMAGESUBNO	ISN	获取正在显示指定图像显示窗口的次像编号
IMAGEUNITNO	IUN	获取正在显示指定图像显示窗口的单元编号
INPUTTRANSSTATE	ITS	获取各通信模块的输入状态（允许/禁止）
LAYOUTNO	DLN	获取当前显示的布局编号
LOGINACCOUNT	LAI	获取目前登录中用户账户的用户名
LOGINACCOUNTGROUP	LAG	获取目前登录中用户账户的用户组 ID
OPELOGCOND	OLC	获取操作日志的状态
OUTPUTTRANSSTATE	OTS	获取向外部机器的输出状态（允许/禁止）
PARAALLCOND	PAC	批量获取 DI 以外端子的状态
PARAPORTCOND	PPC	获取指定并行 I/O 端子的 ON/OFF 状态
SCENE	S	获取当前的场景编号
SCNGROUP	SG	获取使用中的场景组编号

表 B-3 状态设定命令

命令	缩写	功 能
DOPORTCOND	DPC	批量设定 DO 端子的 ON/OFF 状态
IMAGEDISPCOND	IDC	设定指定图像显示窗口的图像模式
IMAGESUBNO	ISN	设定要在指定图像显示窗口中显示的次像编号

Industrial Robot

（续）

命令	缩写	功能
IMAGEUNITNO	IUN	设定要在指定图像显示窗口中显示的单元编号
INPUTTRANSSTATE	ITS	允许/禁止向各通信模块输入
LAYOUTNO	DLN	设定布局编号，切换画面
LOGINACCOUNT	LAI	切换目前登录的用户账户
OPELOGCOND	OLC	设定操作日志的状态
OUTPUTTRANSSTATE	OTS	允许/禁止向外部机器输出
PARAALLCOND	PAC	批量设定 DO 以外端子的状态
PARAPORTCOND	PPC	设定指定并行 I/O 端子的 ON/OFF 状态
SCENE	S	切换使用中的场景编号
SCNGROUP	SG	切换场景组

表 B-4　数据读取命令

命令	缩写	功能
DATALOGCOND	DLC	获取设定的数据记录条件
DATALOGFOLDER	DLF	获取设定的数据记录文件夹名
DATE	无	获得当前的日期/时间
DIOFFSET	DIO	获取设定的 DI 端子补偿数据
IMAGECAPTUREFOLDER	ICF	获取设定的画面截屏文件夹名
IMAGELOGFOLDER	ILF	获取设定的图像记录文件夹名
IMAGELOGHEADER	ILH	获取设定的图像记录的前缀
SYSDATA	无	获取有关图像记录的设定
UNITDATA	UD	获取指定的处理单元的参数和测量值
VERGET	无	获取系统的版本信息

表 B-5　数据写入命令

命令	缩写	功能
DATALOGCOND	DLC	设定数据记录条件
DATALOGFOLDER	DLF	设定数据记录文件夹名
DATE	无	设定日期/时间
DIOFFSET	DIO	设定 DI 端子补偿数据
IMAGECAPTUREFOLDER	ICF	设定画面截屏文件夹名
IMAGELOGFOLDER	ILF	设定图像记录文件夹名
IMAGELOGHEADER	ILH	设定图像记录的前缀
SYSDATA	无	变更图像记录的相关设定
UNITDATA	UD	设定指定处理单元的参数

表 B-6　文件载入命令

命令	缩写	功　　能
BKDLOAD	无	载入系统+场景组 0 数据
SCNLOAD	无	载入场景数据
SGRLOAD	无	载入场景组数据
SYSLOAD	无	载入系统数据

表 B-7　文件保存命令

命令	缩写	功　　能
ALLIMAGESAVE	AIS	保存图像缓存(通过"本体记录图像"指定)中的所有图像数据
BKDSAVE	无	将系统+场景组 0 数据保存到文件
IMAGECAPTURE	EIC	执行画面截屏
IMGSAVE	无	保存图像数据
LASTIMAGESAVE	LIS	执行最新输入图像保存
SCNSAVE	无	保存场景数据
SGRSAVE	无	保存场景组数据
SYSSAVE	无	保存系统数据

参 考 文 献

[1] 廖常初. S7-1200PLC 应用教程 [M]. 北京：机械工业出版社，2017.

[2] 叶晖. 工业机器人典型应用案例精析 [M]. 北京：机械工业出版社，2013.

[3] 金文兵，许妍妩，李曙生. 工业机器人系统设计与应用 [M]. 北京：高等教育出版社，2018.

[4] 侍寿永. 西门子 S7-1200PLC 编程及应用教程 [M]. 北京：机械工业出版社，2018.

[5] 汪励，陈小艳. 工业机器人工作站系统集成 [M]. 2 版. 北京：机械工业出版社，2019.

[6] 林燕文，魏志丽. 工业机器人系统集成与应用 [M]. 北京：机械工业出版社，2018.